AF649041

SAMMLUNG GÖSCHEN BAND 970/970a

# Nichteuklidische Geometrie

## Hyperbolische Geometrie der Ebene

Von

**Dr. phil. Richard Baldus**

ehem. ord. Professor der Mathematik
an der Technischen Hochschule München

Vierte Auflage

Bearbeitet und ergänzt von

**Dr. rer. nat. Frank Löbell**

em. ord. Professor der Geometrie
an der Technischen Hochschule München

Mit 75 Figuren im Text

WALTER DE GRUYTER & CO.

vormals G. J. Göschen'sche Verlagshandlung · J. Guttentag,
Verlagsbuchhandlung · Georg Reimer · Karl J. Trübner · Veit & Comp.

Berlin 1964

©

Copyright 1964 by Walter de Gruyter & Co., vormals G. J. Göschen'sche Verlagshandlung — J. Guttentag Verlagsbuchhandlung — Georg Reimer — Karl J. Trübner — Veit & Comp., Berlin 30. — Alle Rechte, einschl. der Rechte der Herstellung von Photokopien und Mikrofilmen, vom Verlag vorbehalten. — Archiv-Nr. 7713645. — Satz und Druck: Walter de Gruyter & Co., Berlin 30. — Printed in Germany.

## Vorbemerkung zur 4. Auflage

Während die 3. Auflage dieses Büchleins ein beinahe unveränderter Nachdruck der noch von Richard Baldus selbst besorgten 2. Auflage war, wurden jetzt einige Änderungen vorgenommen und Ergänzungen angefügt. Außer der historischen Einleitung blieb nur der axiomatische Teil davon fast unberührt; diese einzigartige Baldussche Leistung sollte möglichst unangetastet bleiben. Beibehalten wurde auch das Verfahren, die Nichteuklidische Geometrie im projektiven Bild in der Euklidischen Ebene zu entwickeln, weil es nicht nur das fruchtbare Prinzip der speziellen Lage anzuwenden erlaubt, sondern auch die uneigentlichen Punkte und Geraden bequem zugänglich macht. Neu bearbeitet wurde unter anderem hauptsächlich die Trigonometrie und, in stärkerem Maß, die analytische Geometrie.

Im ganzen aber war das Bestreben, die Eigenart der Baldusschen Darstellung zu wahren, deren Hauptmerkmale Gründlichkeit beim Durchdenken aller auftauchenden Fragen, die Baldus' starkem erkenntnistheoretischem Interesse entsprang, und peinliche Sorgfalt bei der Durchführung der Beweise sind. Eindrucksvoll bringt Baldus die Überzeugung zur Geltung, daß der anschaulichen Vorstellung in der Nichteuklidischen Geometrie die gleiche Rolle zukommt wie in der Euklidischen, was einem Gauss noch selbstverständlich war, aber natürlich in keiner dieser Geometrien dazu berechtigt, sich bei Beweisen auf die Anschauung zu berufen.

Zum Schluß wurde ein kurzer Blick auf die Clifford-Kleinschen Flächen geworfen, insbesondere wurde die im hyperbolischen Fall bestehende Möglichkeit ihres Aufbaues aus einfachen Elementen beschrieben, eine Theorie, die bis jetzt noch keinen Eingang in die Lehrbücher gefunden hat, obwohl sie schon seit Jahrzehnten bekannt ist.

München, im Frühjahr 1964 F. Löbell

**Anmerkung des Verlages:** Unmittelbar nach Abschluß der Korrekturen erreicht uns die Nachricht, daß Herr Professor Dr. Frank Löbell am 31. Mai 1964 plötzlich verstorben ist. — Bei der Veröffentlichung des Bandes gedenken wir unseres Autors in Dankbarkeit und Verehrung.

# Inhalt

## V. Abschnitt.

## Die hyperbolische Geometrie als selbständige Disziplin.



## VI. Abschnitt.

## Schlußbetrachtungen.

# Literatur


[1] *R. Bonola*, Die nichteuklidische Geometrie, deutsch von H. Liebmann. 3. Aufl. Leipzig und Berlin 1921, 207 S.

[2] *F. Engel*, N. I. Lobatschefskij, Zwei geometrische Abhandlungen. Leipzig 1899, 476 S.

[3] *F. Engel und P. Stäckel*, Die Theorie der Parallellinien von Euklid bis auf Gauß. Leipzig 1895. 325 S.

[4] *F. Enriques*, Prinzipien der Geometrie; Enzyklop. d. math. Wissenschaften III, $1_1$. Leipzig 1907—1910, S. 1—129.

[5] *F. Enriques*, Fragen der Elementargeometrie, I. Teil, deutsch von H. Thieme. Leipzig 1911, 366 S.

[6] *D. Hilbert*, Grundlagen der Geometrie. 9. Aufl. Stuttgart 1962, 272 S.

[7] *F. Klein*, Vorlesungen über nichteuklidische Geometrie, bearbeitet von W. Rosemann. Berlin 1928, 326 S.

[8] *H. Liebmann*, Nichteuklidische Geometrie. 3. Aufl. Berlin und Leipzig 1923, 150 S.

[9] *K. Lingenberg*, Einführung in die nichteuklidische Geometrie. Hannover 1960, 85 S.

[10] *H. Meschkowski*, Nichteuklidische Geometrie. 2. Aufl. Braunschweig-Berlin-Stuttgart 1961, 80 S.

[11] *O. Perron*, Nichteuklidische Elementargeometrie der Ebene. Stuttgart 1962, 134 S.

[12] *F. Schur*, Grundlagen der Geometrie. Leipzig und Berlin 1909, 192 S.

[13] *P. Stäckel*, W. und J. Bolyai, 2 Teile, Leipzig und Berlin 1913, 281 + 274 S.

[14] *J. Tropfke*, Geschichte der Elementarmathematik, IV. Bd. Ebene Geometrie, 3. Aufl. besorgt von K. Vogel, Berlin 1940, 316 S.

[15] *M. Zacharias*, Elementargeometrie und elementare Nichteuklidische Geometrie in synthetischer Behandlung; Enzyklop. d. math. Wissenschaften III, $1_2$. Leipzig 1914—1921, S. 859—1172.

Eine neuartige Begründung der Geometrie gibt das Buch von

[16] *F. Bachmann*, Aufbau der Geometrie aus dem Spiegelungsbegriff. Berlin-Göttingen-Heidelberg 1959, 311 S.

I. Abschnitt.

# Der geschichtliche Weg zur Nichteuklidischen Geometrie.

## Euklids Elemente.

**1.** Euklid, der große griechische Geometer, der vor 300 v. Chr. lebte und in Alexandria lehrte, hat in seinen berühmten 13 Büchern der „Elemente" (στοιχεῖα, elementa) die Grundlagen der Geometrie in einer Weise dargestellt, die sich trotz der fortschreitenden Entwicklung der Mathematik, trotz immer wiederholten Verbesserungsversuchen über 2000 Jahre lang im wesentlichen als wissenschaftlich unantastbar erwiesen hat. Und viel von ihm hierin Geleistetes gilt auch noch in unseren Augen, deren Blick durch die einschlägigen neueren mathematischen Forschungen geschärft ist, die in den letzten anderthalb Jahrhunderten weit über Euklid hinausgeführt haben.

Den folgenden Betrachtungen legen wir die vorzügliche, textkritische, griechisch-lateinische Parallelausgabe der Elemente Euklids von I. L. Heiberg, Leipzig, I. Bd. 1883, zugrunde*).

**2.** Euklid beginnt das erste Buch seiner Elemente mit 23 Definitionen (ὅροι, definitiones), die aber nicht Ausdruck einer einheitlichen Absicht sind, sondern die zwei verschiedene Aufgaben zu erfüllen haben: So soll z. B. Def. I „Ein Punkt ist, was keinen Teil hat", ebenso wie Def. II „Eine Linie ist eine Länge ohne Breite" oder wie Def. IV „Eine Gerade ist eine Linie, die in einer Flucht mit den Punkten auf ihr liegt"**) im Leser eine anschauliche Vorstellung dieser

*) Ins Deutsche übersetzt von C. Thaer, Ostwald's Klassiker Nr. 235, 236, 240, 241, 243. Leipzig 1933—37.

**) Diese Übersetzung des griechischen Textes „Εὐθεῖα γραμμή ἐστιν ἥτις ἐξ ἴσου τοῖς ἐφ' ἑαυτῆς σημείοις κεῖται" ist sinnvoller als die übliche „Eine Gerade ist eine Linie, die gleichmäßig zu den Punkten auf ihr liegt"; sie steht im Einklang mit Forschungsergebnissen, die P. Tannery schon im Jahr 1897 mitgeteilt hat (Mémoires scientifiques, II, Toulouse et Paris 1912, p. 540—544). Die Erklärung stimmt im wesentlichen mit der schon von Plato gegebenen überein, die die Geraden mit den Lichtstrahlen identifiziert. — Es sei noch bemerkt, daß Euklid, wenn er von einer Geraden spricht, immer ein begrenztes Stück einer solchen, eine Strecke, meint.

räumlichen Gebilde wecken, ohne daß damit irgendwelche mathematische Aussagen verbunden wären, die später verwendet werden sollen; diese Definitionen haben keine abstrakt-mathematische Bedeutung, und dementsprechend macht Euklid niemals auch nur den Versuch, einen Beweis auf sie zu gründen. Dagegen enthält eine ganze Reihe von Definitionen mathematische Aussagen, die für spätere Überlegungen verwertbar sind, wie etwa Def. XVII „Durchmesser des Kreises ist irgendeine durch den Mittelpunkt gezogene und auf beiden Seiten vom Kreisumfange begrenzte Gerade; sie hälftet den Kreis" oder Def. XXIII „Parallel sind gerade Linien, die in derselben Ebene liegen und nach beiden Seiten unbegrenzt verlängert auf keiner Seite miteinander zusammentreffen".

**3.** Auf die Definitionen folgen bei Euklid 5 Postulate (αἰτήματα, postulata) und 5 Axiome (κοιναὶ ἔννοιαι, communes animi conceptiones). Die Postulate sind:

I. Es soll gefordert werden, daß man von jedem Punkte zu jedem Punkt eine Gerade ziehen kann.

II. Und daß man jede begrenzte Gerade zusammenhängend gerade verlängern kann.

III. Und daß man um jeden Mittelpunkt mit jedem Halbmesser einen Kreis beschreiben kann*).

IV. Und daß alle rechten Winkel einander gleich sind.

V. Und wenn eine Gerade zwei andere Gerade trifft und mit ihnen auf derselben Seite innere Winkel bildet, die zusammen kleiner als zwei Rechte sind, sollen jene beiden Geraden, unbegrenzt verlängert, auf der Seite zusammentreffen, auf der die Winkel liegen, die zusammen kleiner als zwei Rechte sind**).

---

*) Euklid benützt den Zirkel grundsätzlich nicht als Streckenübertrager; das geht eindrucksvoll aus der 2. Proposition des I. Buches der Elemente hervor.

**) III. und V. sind nur für die Ebene gedacht, was nicht ausdrücklich ausgesprochen ist. Überhaupt enthalten Euklids Elemente, mit Ausnahme einiger Definitionen zu Beginn des 1. Buches, erst vom 11. Buch an räumliche Betrachtungen.

Die Axiome lauten:

I. Dinge, die demselben Ding gleich sind, sind auch einander gleich.

II. Und wenn man Gleiches zu Gleichem hinzufügt, dann sind auch die Summen gleich.

III. Und wenn von Gleichem Gleiches abgezogen wird, dann sind auch die Reste gleich.

VII.*) Und Dinge, die einander decken, sind einander gleich.

VIII. Und das Ganze ist größer als sein Teil.

Nun reiht Euklid die Konstruktionen und die Beweise der Sätze an, welche das Gebäude der Geometrie bilden, mit der Absicht, dabei anschauliche Beweismittel zu vermeiden, vielmehr rein logisch vorzugehen, und zwar so, daß neben den mathematischen Aussagen der in Nr. 2 genannten zweiten Art von Definitionen nur die Postulate und Axiome in den Schlußweisen verwendet werden sollen. Diese Absicht ist für immer größere Teile der Mathematik vorbildlich geworden, mit ihr hat Euklid den Grundstein zur Axiomatik gelegt.

Der Ausdruck Axiom findet sich schon bei Aristoteles (384 bis 322 v. Chr.), tritt aber bei Euklid nicht auf. Die Elemente enthalten in den späteren Büchern noch weitere Definitionen — es werden im ganzen 118 Definitionen eingeführt —, aber keine Postulate und Axiome mehr. Die Postulate enthalten Aussagen über geometrische Gebilde (Gerade, Kreis, Winkel), die Axiome dagegen reine Größenaussagen; diese Unterscheidung ist in neueren Untersuchungen fallen gelassen worden, man spricht heute vielfach nur noch von Axiomen. Auch wir gebrauchen weiterhin den Ausdruck Postulat nur noch in Verbindung mit einer bestimmten Nummer (II. Postulat) und meinen mit den Axiomen Euklids seine Postulate und Axiome, mit Axiomensystem die Gesamtheit beider, mit Parallelenaxiom das V. Postulat.

## Aus der Geschichte des Parallelenaxioms.

**4.** Während die übrigen Axiome naheliegende Grundannahmen einfachster Art enthalten, machte das Parallelen-

*) Die Bezeichnung des 4. und 5. Axioms mit VII und VIII hat textkritische Gründe.

axiom schon den Alten den Eindruck eines verwickelten geometrischen Satzes. Dazu kommt noch, daß Euklid möglichst lange die Verwendung des Parallelenaxioms vermeidet und es zum ersten Male beim Beweis des 29. Satzes im 1. Buche heranzieht, weiterhin, daß Satz 28 „Schneidet eine Gerade zwei andere Gerade und bildet mit ihnen auf einer Seite innere Winkel, deren Summe zwei Rechte beträgt, dann sind die beiden Geraden parallel" formal und inhaltlich mit dem Axiom aufs engste verwandt ist; dieses ist auch eine Umkehrung des 17. Satzes des 1. Buches, der aussagt, daß im Dreieck die Summe irgend zweier Winkel kleiner ist als zwei Rechte.

So wird es begreiflich, daß die Versuche, das Parallelenaxiom zu beweisen und damit zu zeigen, daß es ein Satz, aber kein Axiom ist, fast so alt sind wie die Elemente Euklids. Diese Versuche bildeten bis zum Beginn des 19. Jahrhunderts den Hauptteil der kritischen Beschäftigung mit Euklid. Mit unermeßlicher Mühe suchte man immer wieder vergebens, einen Weg zum heiß ersehnten Ziel eines Beweises für das Parallelenaxiom zu finden.

Erst nach 2000 Jahren waren einige bedeutende Mathematiker dazu reif geworden, sich von der Logik, der man bisher den Weg aufzwingen wollte, führen zu lassen, und nun erkannten sie fast gleichzeitig und ohne gegenseitigen Zusammenhang, daß die früheren Versuche deshalb ihr Ziel verfehlen mußten, weil dieses gar nicht existierte.

Es kann nicht unsere Aufgabe sein, mit der Sorgfalt für Einzelheiten wie ein mathematischer Historiker dieser ganzen Entwicklung nachzugehen, über die man reichliche geschichtliche Angaben in den Darstellungen Engel-Stäckel [3]*) und Bonola-Liebmann [1] findet; wir wollen nur zurückblickend das für den modernen Beschauer Wesentliche betrachten. Mit Rücksicht auf den zur Verfügung stehenden Raum wollen wir uns dabei im folgenden ausschließlich mit der **Geometrie der Ebene**, der Planimetrie, beschäftigen.

---

*) Nummern in eckigen Klammern beziehen sich auf das Literaturverzeichnis S. 6 des vorliegenden Buches.

5. Aus der gegen den Schluß von Nr. 3 angegebenen Absicht des axiomatischen Aufbaues ergibt sich, daß keine Axiome stillschweigend eingeführt werden dürfen. Diese Forderung nach der Vollständigkeit des Axiomensystems hat Euklid nicht erfüllt, wie sehr er sich auch darum bemühte. So ist, um nur einige Beispiele zu nennen, in der in Nr. 2 angeführten Def. XVII stillschweigend angenommen, daß jeder Punkt einer Geraden diese in zwei Teile trennt, eine Annahme, die auch in die Def. XXIII hereinspielt, im V. Postulat ist stillschweigend vorausgesetzt, daß jede Gerade die Ebene in zwei Gebiete teilt, im Axiom VII werden Dinge zur Deckung gebracht und damit Bewegungen in die geometrischen Betrachtungen hereingezogen, ohne daß deren Axiome ausgesprochen wären. Schon Gauß stellte fest, daß eine Erklärung der Zwischen-Beziehung gegeben werden müßte und könnte.

Die Beschäftigung mit dem Parallelenaxiom hat in solchem Maße die Aufmerksamkeit auf dieses gelenkt, daß man die soeben genannten und ähnliche wirkliche Mängel des Euklidischen Systems wenig oder gar nicht beachtete.

Bei den Versuchen, das Parallelenaxiom zu beweisen, hatte man die Absicht, das V. Postulat nach geglücktem Beweis als aus den übrigen Axiomen ableitbar wegzulassen. Darin kam die selbstverständliche Forderung zum Ausdruck, daß keine überflüssigen Axiome eingeführt werden sollten, eine Forderung, die man später zu dem Verlangen nach einem möglichst einfachen Axiomensystem erweitert hat.

Wenn zwei verschiedene Axiomensysteme für dasselbe Gebiet der Mathematik vorliegen, kann man zwar nicht immer rein logisch entscheiden, welches davon einfacher ist, hier wird oft das Gefühl, der persönliche Geschmack mitzusprechen haben, jedenfalls aber wird der Ausschluß überzähliger Axiome durch die Forderung der Einfachheit erzwungen.

6. Die vermeintlichen Beweise des Parallelenaxioms hatten stets das gleiche Schicksal: jedesmal konnte dem Urheber eines solchen Beweisversuches nachgewiesen werden, daß er eine über die Euklidischen Annahmen hinausgehende Voraussetzung stillschweigend eingeführt hatte. So lieferten die mißglückten Beweisversuche die positive mathematische Aus-

sage, daß gewisse Annahmen, im Euklidischen System an die Stelle des Parallelenaxioms gesetzt, mit den übrigen Axiomen zusammen wieder die Sätze Euklids ergeben; man erhielt dadurch dem Parallelenaxiom gleichwertige, äquivalente Axiome. Unter diesen treten die folgenden auf:

a) Trifft eine Gerade die eine von zwei Parallelen, dann trifft sie auch die andere.

b) Durch einen im Innern eines spitzen Winkels angenommenen Punkt kann man immer eine Gerade ziehen, welche die beiden Schenkel des Winkels trifft.

c) Die auf derselben Seite einer Geraden von dieser gleich weit entfernten Punkte liegen selbst auf einer Geraden.

d) Durch drei nicht in einer Geraden gelegene Punkte läßt sich immer ein Kreis legen.

e) Die Winkelsumme im Dreieck ist gleich zwei Rechten.

f) Es gibt zwei ähnliche, nicht kongruente Dreiecke.

Ersetzt man das Parallelenaxiom durch eine dieser Annahmen, dann läßt sich die Aussage des Parallelenaxioms aus dieser Annahme und den übrigen Axiomen als Satz beweisen. Dabei muß allerdings ein vollständiges Axiomensystem der Euklidischen Geometrie vorliegen, mit dessen Aufstellung man erst spät begann (vgl. Nr. 5). Den ersten großen Fortschritt in dieser Richtung erzielte der Mathematiker M. Pasch (1843—1930) in seinem im Jahr 1882 erschienenen Buche „Vorlesungen über neuere Geometrie“*).

Da die Ergänzung der Euklidischen Axiome zu einem vollständigen System bis zu einem gewissen Grade willkürlich ist, geht diese Willkür in die ganze kritische Betrachtung der Beweisversuche für das Parallelenaxiom ein.

7. Mit einem wesentlich neuen, für die Folge sehr wichtigen Gedanken bereicherte der scharfsinnige Jesuitenpater G. Saccheri (1667—1733) die Forschungen über das Parallelenaxiom:

Er betrachtet, worin er Vorgänger hat, das Viereck $ABCD$ (Fig. 44, Nr. 76) mit den beiden rechten Winkeln $\alpha$, $\beta$**) und

*) 2. Aufl. 1926, 275 S., mit einem lesenswerten Anhang von M. Dehn.

**) Doppelbogen bezeichnen in unseren Figuren immer rechte Winkel. Der Punkt $S$ der Figur wird erst später benötigt werden.

den beiden gleichen Seiten $AD$ und $BC$. Unabhängig vom Parallelenaxiom folgt nun $\sphericalangle \gamma = \sphericalangle \delta$, ohne daß aber zu entscheiden wäre, ob dies rechte, stumpfe oder spitze Winkel sind. Tritt jedoch einer dieser drei Fälle bei einem einzigen solchen Viereck ein, dann geschieht es bei jedem. Dies führt zu den drei Hypothesen des rechten, des stumpfen, des spitzen Winkels. Die Hypothese des rechten Winkels läßt sich aus dem Parallelenaxiom beweisen und ist diesem äquivalent. Die aus den beiden anderen Hypothesen und den Euklidischen Annahmen mit Ausnahme des Parallelenaxioms entstehenden Geometrien sucht Saccheri, und das ist sein neuer Gedanke, als in sich widerspruchsvoll nachzuweisen; gelänge dies, dann wäre damit vermittels eines indirekten Beweises das Parallelenaxiom als ein Satz der Euklidischen Geometrie erkannt.

Girolamo (Hieronymus) Saccheri war Lehrer der Grammatik, Philosophie, polemischen Theologie, Arithmetik, Algebra, Geometrie sowie anderer Fächer, zuletzt an der Universität Pavia. Sein hier besprochenes Werk erschien 1733 in Mailand unter dem Titel „Euclides ab omni naevo vindicatus“, d.h. der von jedem Makel befreite Euklid; man findet es in Engel-Stäckel [3] abgedruckt. Er setzt darin die vom Parallelenaxiom absehenden Euklidischen Annahmen den ersten 26 Sätzen Euklids gleichwertig, was nach dem 1. Absatz unserer Nr. 4 nahe liegt.

Aus der Hypothese des stumpfen Winkels folgert Saccheri, daß die Winkelsumme in jedem Dreiecke $> 2R$ ist. Hier entstehen tatsächlich Widersprüche, wenn man mit Euklid die unendliche Länge der Geraden voraussetzt, indem sich dann aus der Hypothese des stumpfen Winkels das Parallelenaxiom beweisen läßt, aus dem die Hypothese des rechten Winkels folgt.

Bei der Hypothese des spitzen Winkels dagegen glückt es Saccheri nicht, den gesuchten Widerspruch zu finden, so absurd auch für den an Euklid geschulten Geometer die Folgerungen sind: die Winkelsumme im Dreieck ist hier $< 2R$; der Winkel im Halbkreis ist $< R$; es kann hier vorkommen, daß sich zwei Gerade nicht treffen, deren eine auf einer dritten Geraden senkrecht steht, während die andere zu der dritten nicht senkrecht steht; es gibt Paare von Geraden, die sich asymptotisch nahe kommen, ohne sich zu treffen. Infolge eines Trugschlusses glaubt Saccheri auch hier einen Widerspruch nachweisen zu können, in Wirklichkeit läßt er die Frage nach der logischen Widerspruchslosigkeit der auf der Hypothese des spitzen Winkels aufgebauten Geometrie offen.

8. Die bedeutenden Leistungen Saccheris fanden ihre Fortsetzung in Überlegungen des bedeutenden Mathematikers, Physikers und Philosophen J. H. Lambert (1728—1777), der noch weitere Folgerungen aus der Hypothese des spitzen Winkels zog, so z. B. die Existenz einer absoluten Längeneinheit aus dieser erschloß und erkannte, daß der Flächeninhalt eines Dreiecks dem Unterschiede zwischen dessen Winkelsumme und 2R proportional wäre. Weiterhin vermutete er einen Zusammenhang zwischen der Hypothese des spitzen Winkels und der Geometrie auf einer imaginären Kugel. Auch Lambert vermochte nicht, die Hypothese des spitzen Winkels zwingend ad absurdum zu führen, ohne aber dem Irrtum zu verfallen, daß ihm das gelungen sei. Ein Vorzug seiner Betrachtungsweise verdient noch besonders hervorgehoben zu werden: Während Saccheri sich im Stil seiner Zeit die Behandlung geometrischer Fragen durch Stetigkeitsbetrachtungen, denen aber entsprechende Voraussetzungen zugrunde liegen mußten, erleichterte, machte sich Lambert davon möglichst frei, obwohl er sich durch ein solches, wahrhaft „elementares" Vorgehen seine Aufgabe erschwerte.

Johann Heinrich Lamberts hier in Betracht kommende Schrift, die man ebenfalls in Engel-Stäckel [3] abgedruckt findet, hat den Titel „Theorie der Parallellinien". Sie stammt aus dem Jahre 1766, wurde aber erst 1786 aus seinem Nachlaß in Hindenburgs „Magazin für die reine und angewandte Mathematik" veröffentlicht.

Hier sei auch der bekannte französische Mathematiker A. M. Legendre (1752—1833) genannt, dem interessante Sätze über die Winkelsumme im Dreieck in den Fällen der drei Hypothesen zu verdanken sind, vgl. Bonola-Liebmann [1]. Durch seine weitverbreiteten „Éléments de Géométrie" hat er die Forschungen über das Parallelenaxiom sehr gefördert.

**9.** Griechische, arabische, italienische, deutsche, englische, französische, ungarische Gelehrte bemühten sich im Laufe zweier Jahrtausende um einen Beweis für das Parallelenaxiom, immer wieder vergeblich. Welche Unsumme von Arbeit dabei geleistet wurde, erhellt beispielsweise aus der Tatsache, daß nach Engel-Stäckel [3] über 260 ernst zu nehmende Schriften bekannt sind, die sich, ohne zum Ziele zu kommen, mit der Parallelentheorie beschäftigen. Wohl mit keinem anderen Problem im Gebiete der exakten Wissenschaften wurde so lange ohne Entscheidung gerungen, so daß es verständlich wird, daß es Mathematiker gab, welche die Versuche als aussichtslos aufzugeben empfahlen, während andere in immer steigender Zahl, vor allem etwa seit 1780, sich um die Überwindung der Schwierigkeiten bemühten, ohne daß jemand an der alleinigen Berechtigung der Euklidischen Geometrie gezweifelt hätte.

### Die Entdecker der Nichteuklidischen Geometrie.

**10.** Dem großen Göttinger Mathematiker C. F. Gauß (1777—1855) war es vorbehalten. als erster die Lösung des Rätsels des Parallelenaxioms zu finden: in jahrelanger, 1792 beginnender, mühsamer Gedankenarbeit rang er sich zu der Überzeugung durch, daß eine Geometrie denkbar ist, die ein dem Parallelenaxiom widersprechendes Axiom und dazu die übrigen Euklidischen Annahmen voraussetzt. Er entwickelte eine solche Geometrie, ähnlich wie es Saccheri und Lambert bei der Hypothese des spitzen Winkels machten, aber nicht, und das ist das wesentlich Neue, um einen Widerspruch zu finden, sondern in dem klaren Bewußtsein, eine neue, Nichteuklidische Geometrie aufzubauen, die in sich ebenso frei von logischen Widersprüchen ist wie die Euklidische. Obwohl Gauß über diese seine Untersuchungen nichts veröffentlicht und sich nur gelegentlich in Briefen auf sie bezogen hat, steht fest, daß er spätestens 1816 volle Klarheit über die logische Berechtigung der Nichteuklidischen Geometrie gewonnen und diese Disziplin weit ausgebaut hatte. Diese Nichteuklidische Geometrie ist nichts anderes als die nach Nr. 7 und 8 aus der Hypothese des spitzen Winkels sich ergebende Geometrie. Dasselbe gilt von der „Astralgeometrie“, zu deren Anfängen der Jurist F. K. Schweikart (1780—1857) gelangt war, unabhängig von Gauß und gleichfalls ohne etwas darüber zu veröffentlichen.

Carl Friedrich Gauß, Direktor der Sternwarte zu Göttingen, war einer der bedeutendsten Mathematiker aller Zeiten und Völker von genialer schöpferischer und kritischer Kraft. Der X. Band seiner gesammelten Werke enthält in der 2. Abteilung eine 1923 erschienene Abhandlung von P. Stäckel über Gauß als Geometer, die sich eingehend mit der Entdeckung der Nichteuklidischen Geometrie durch Gauß beschäftigt*). Dort findet man auch S. 31ff. nähere Angaben über Schweikart, desgleichen in Engel-Stäckel [3].

**11.** Zwei Mathematiker teilen sich in den Ruhm, als erste in selbständigen, ausführlichen Veröffentlichungen die Nichteuklidische Geometrie begründet zu haben, und zwar unabhängig von Gauß und voneinander. Es sind das der Russe N. I. Lobatschefskij (1793—1856) und der Ungar J. Bolyai (1802—1860).

Nachdem sich Lobatschefskij schon seit 1815 mit der Theorie der Parallelen beschäftigt hatte, entdeckte er zwischen 1823 und 1825 die Nichteuklidische Geometrie. Eine Abhandlung darüber, die er 1826 der Universität Kasan vorlegte, ist verlorengegangen, deren Ergebnisse sind in die russisch geschriebene Abhandlung „Über die Anfangsgründe der Geometrie“ hineingearbeitet, die 1829 und 1830 im Kasaner Boten erschienen ist. In dieser ersten Veröffentlichung Lobatschefskijs über seine Nichteuklidische Geometrie ist deren logische Berechtigung betont, und zwar wieder der Geometrie, welcher die Hypothese des spitzen Winkels zugrunde liegt. Lobatschefskij kannte zwar die Ergebnisse Legendres, wurde aber, wie anzunehmen ist, nicht von Gauß beeinflußt.

Gleichzeitig mit Lobatschefskij gelangte Johann Bolyai 1823 zu derselben Nichteuklidischen Geometrie, durch den mathematischen Verkehr mit seinem mit Gauß befreundeten

*) Vgl. auch H. E. Timerding, „Kant und Gauß“, Kantstudien XXVIII, (1923), S. 16—40.

Vater Wolfgang Bolyai zur Beschäftigung mit dem Parallelenaxiom angeregt. Der Weg, auf dem J. Bolyai seine Ergebnisse fand, war von dem Lobatschefskijs verschieden und der gleiche, den Gauß eingeschlagen hatte, ohne daß J. Bolyai etwas von Gaußens Arbeiten gewußt hätte. 1832 veröffentlichte Wolfgang Bolyai ein zweibändiges Lehrbuch der Mathematik, und als Anhang zu diesem Tentamen teilte Johann Bolyai seine Ergebnisse mit.

Nikolaj Iwanowitsch Lobatschefskij war Studierender, dann Professor an der Universität Kasan.*) Seine wissenschaftliche Großtat war die Begründung der Nichteuklidischen Geometrie, für die er den Namen „Imaginäre Geometrie", später „Pangeometrie" wählte. Da wir auf den für uns in Betracht kommenden Inhalt der Schriften Lobatschefskijs und J. Bolyais an den sachlich entsprechenden Stellen unserer späteren Ausführungen zurückkommen werden, wollen wir uns hier mit der Aufzählung der Titel, zunächst der Schriften Lobatschefskijs, begnügen:

a) Die schon genannte Abhandlung, „Über die Anfangsgründe der Geometrie" 1829—1830, deren Übersetzung in das Deutsche man in Engel [2] findet (nebst einer ausführlichen Biographie des Gelehrten).

b) Es folgte die „Imaginäre Geometrie", und zwar russisch in den Kasaner Gelehrten Schriften 1835, französisch in Crelles Journal, Bd. XVII, 1837, S. 295—320.

c) Wieder russisch und in derselben Zeitschrift wie b) erschien 1835—1838 die ausführliche Darstellung „Neue Anfangsgründe der Geometrie mit einer vollständigen Theorie der Parallellinien". Auch diese ist in Engel [2] übersetzt.

d) In gleicher Weise erfolgte 1836 die Veröffentlichung der „Anwendung der imaginären Geometrie auf einige Integrale". b) und d) sind in deutscher Übersetzung 1904 von H. Liebmann herausgegeben worden.

e) 1840 ließ Lobatschefskij in deutscher Sprache in Berlin die Zusammenfassung „Geometrische Untersuchungen zur Theorie der Parallellinien" erscheinen.

f) Schwer leidend schloß der große Gelehrte sein mathematisches Lebenswerk mit seinem Beitrag für die Jubiläumsschrift zur Feier

*) Gaußens Freund I. M. C. Bartels war Lobatschefskijs Lehrer in der Mathematik, aber ohne daß Lobatschefskij auf diesem Weg indirekt durch Gauß zur Nichteuklidischen Geometrie hingeführt worden wäre.

des 50jährigen Bestehens der Universität Kasan 1856 ab, „Pangéométrie ou précis de géométrie fondée sur une théorie générale et rigoureuse des parallèles“ (deutsch von H. Liebmann, Ostwalds Klassiker Nr. 130). Als das Werk gedruckt wurde, war Lobatschefskij erblindet.

Johann Bolyai war 1818—1823 Zögling der k. k. Ingenieur-Akademie in Wien. In dieser Zeit reiften seine Ideen über das Parallelenaxiom, die ihn zur Nichteuklidischen Geometrie führten, so daß er Ende 1823 schreiben konnte, er hätte aus nichts eine neue Welt geschaffen. Damit hatte der 21-jährige eine Leistung vollbracht, die später den mit Lobsprüchen sehr zurückhaltenden Gauß zu der Äußerung veranlaßte: „Ich halte diesen jungen Geometer v. Bolyai für ein Genie erster Größe“. Es ist wohl das erschütterndste Kapitel in der Geschichte der großen Mathematiker, wie der frühreife, hochbegabte, leidenschaftliche, aufbrausende J. Bolyai unter dem Mangel an Verständnis litt, mit dem seine Entdeckung allenthalben, auch vom eigenen Vater, aufgenommen wurde, wie er sich von Gauß benachteiligt glaubte, wie er sich immer mehr in krankhaftes Mißtrauen hineinsteigerte, wie er seelisch und körperlich verfiel, bis er, der sich immer wieder vergebens zu weiteren großen mathematischen Leistungen aufzuraffen versuchte, als längst pensionierter Hauptmann gänzlich vereinsamt in Dürftigkeit in Maros-Vásárhely endigte. Eine ausführliche Schilderung dieses wahrhaft tragischen Lebensganges enthält Stäckel [13], dazu (neben der Wiedergabe verschiedener anderer Schriften der beiden Bolyais in deutscher Sprache) Teile des Gesamtwerkes, als dessen Anhang J. Bolyais Nichteuklidische Geometrie erschien. Der Titel des Gesamtwerkes lautet: „Tentamen juventutem studiosam in elementa matheseos purae, elementaris ac sublimioris, methodo intuitiva, evidentiaque huic propria, introducendi. Cum appendice triplici“, während Johann Bolyais prachtvoller Anhang die Überschrift trägt: „Appendix scientiam spatii absolute veram exhibens: a veritate aut falsitate axiomatis XI Euclidei (a priori haud unquam decidenda) independentem: adjecta ad casum falsitatis, quadratura circuli geometrica“*).

**12.** Mit der Entdeckung der Nichteuklidischen Geometrie hatte der mathematische Geist Fesseln gesprengt, von denen

*) Es sei hierzu bemerkt, daß in zahlreichen Euklid-Ausgaben das V. (das Parallelen-)Postulat als XI. Axiom aufgeführt wurde, weiterhin, daß die Quadratur auch nur eines einzigen Kreises zwar in der Euklidischen Geometrie unmöglich, in der Nichteuklidischen Geometrie aber, wovon wir noch in Nr. 107 sprechen werden, durchführbar ist.

er sich 2 Jahrtausende lang vergeblich zu befreien versucht hatte. Wie außerordentlich groß die Widerstände waren, die dabei überwunden werden mußten, können wir in der neueren Mathematik Aufgewachsenen nicht mehr ursprünglich empfinden, höchstens reflektierend erkennen. Wir müssen zu diesem Zweck an Tatsachen denken wie die, daß ein Mathematiker von der überragenden Autorität eines Gauß aus Scheu vor dem „Geschrei der Böotier" die eigenen umstürzenden Ergebnisse über das Parallelenaxiom zurückhielt, daß es über 30 Jahre dauerte, bis in die zweite Hälfte der 60er Jahre des 19. Jahrhunderts, ehe weitere mathematische Kreise die genialen Leistungen Lobatschefskijs und Bolyais zu beachten und zu verstehen anfingen, was besonders den Bemühungen von R. Baltzer, J. Hoüel und J. Frischauf zu verdanken war.

Nun wurde es klar, warum all die Versuche, das Parallelenaxiom zu beweisen, nicht hatten zum Ziel führen können: Angenommen, das Parallelenaxiom wäre aus den übrigen Axiomen beweisbar. Dann würde es in jeder Geometrie, welche diese übrigen Annahmen erfüllt, als eine Folge aus ihnen auch gelten. Die Nichteuklidische Geometrie ist aber ein Beispiel einer in sich widerspruchsfreien Geometrie, in welcher zwar die übrigen Euklidischen Annahmen gelten, aber nicht die Aussage des Parallelenaxioms. Daher kann das Parallelenaxiom nicht beweisbar sein. Allerdings wurde diese innere Widerspruchsfreiheit der Nichteuklidischen Geometrie, die Gauß, Bolyai und Lobatschefskij noch intuitiv angenommen hatten, nach einem von E. Beltrami 1868 unternommenen bedeutungsvollen Versuch, erst von Felix Klein in einer Reihe von Arbeiten, die vom Jahre 1871 an erschienen, streng bewiesen.

Damit war der erste große Unmöglichkeitsbeweis in der Mathematik geführt. Jetzt erst wurde es möglich, über das, was Euklid, der Begründer der Axiomatik, erreicht hatte, wesentlich hinauszukommen, und in zäher, aber stetig fortschreitender Arbeit entstand, die verschiedensten mathematischen Gebiete erhellend, die moderne Axiomatik.

Hier muß noch erwähnt werden, daß der geniale Mathematiker Bernhard Riemann schon 1854 unter ganz neuen Gesichtspunkten metrische Geometrien aufbaute, die außer der Euklidischen und der klassischen Nichteuklidischen Geometrie noch andere, viel allgemeinere Geometrien umfassen; ihre Behandlung liegt aber außerhalb des Rahmens dieses Büchleins.

## II. Abschnitt.

## Axiomatik der absoluten Geometrie.

### Bedeutung der absoluten Geometrie.

**13.** Da die Nichteuklidische Geometrie, wie wir wissen, die sämtlichen Euklidischen Annahmen mit Ausnahme des Parallelenaxioms verwendet und da (Nr. 5) Euklids Axiomensystem unvollständig ist, müssen wir unsere Betrachtungen über Nichteuklidische Geometrie mit der Angabe eines vollständigen Axiomensystems der Euklidischen Geometrie beginnen. Die Aufgabe, die Lücken in Euklids Axiomensystem auszufüllen, läßt (Nr. 6, Schluß) naturgemäß verschiedene Lösungen zu. In Anlehnung an Euklid hat D. Hilbert (1862—1943), der bedeutendste Axiomatiker der neueren Zeit, mit Benutzung mancher fremder, besonders deutscher und italienischer Ergebnisse in seinen berühmten „Grundlagen der Geometrie“ [6]*) ein Axiomensystem entwickelt; ihm folgen wir weiterhin, wenn auch mit einigen Abweichungen**). Die dabei auftretenden Sätze der Euklidischen Geometrie werden wir, mit einigen wenigen Ausnahmen, ohne Beweise anführen, da deren Ableitungen in die Euklidische Geometrie gehören, deren Kenntnis wir voraussetzen.

*) Im folgenden kurz zitiert als „Grundlagen“.

**) Über die Abänderungen und deren Gründe siehe R. Baldus, „Zur Axiomatik der Geometrie V. Vereinfachung des Hilbertschen Axiomensystems der Euklidischen Geometrie“, Sitzungsber. d. Bayer. Akad. d. Wissenschn., Mathem.-naturw. Abtlg., 1937, S. 189-228, ferner ders. „Über nicht beweisbare und doch entbehrliche Axiome“, Mathem. Zeitschr. 44, 1938, S. 321-329.

Schon früher waren Änderungen vorgenommen worden von A. Rosenthal in seiner Abhandlung „Vereinfachung des Hilbertschen Systems der Kongruenzaxiome“. Math. Ann. 71, 1911, S. 257—274.

David Hilberts „Grundlagen" erschienen ursprünglich als Beitrag zur Festschrift anläßlich der Enthüllung des Göttinger Gauß-Weber-Denkmales 1899. In Hilberts „Grundlagen" sind die Beweise vielfach weggelassen. Weiteres Material, vor allem auch Angaben über die Literatur zu den von uns im Zusammenhang mit der Axiomatik berührten Fragen, findet man vor allem in Enriques [4] und Zacharias [15]. Ein von dem hier gewählten abweichendes Axiomensystem ist in Schur [12] eingehend behandelt, ein weiteres von Bachmann [16].

**14.** In Nr. 4 hatten wir darauf hingewiesen, daß Euklid möglichst lange die Zuhilfenahme des Parallelenaxioms vermeidet. Wenn wir im folgenden ebenso vorgehen und in dieser Richtung noch über Euklid hinausgehen werden, so liegt der Grund dafür nicht in einer Scheu vor dem Parallelenaxiom, sondern in etwas anderem:

Alle Sätze, die ohne das Parallelenaxiom beweisbar sind, gelten gleichzeitig in der Euklidischen und der Nichteuklidischen Geometrie, sie gehören, wie man es seit J. Bolyai vielfach kurz bezeichnet, der „absoluten Geometrie" an. Wenn man, wie wir es tun werden, das Hilbertsche Axiomensystem der Euklidischen Geometrie so abändert, daß an letzter Stelle das Parallelenaxiom eingeführt wird, dann bilden die mit den vorhergehenden Axiomen ableitbaren Sätze den Inhalt der absoluten Geometrie und damit den gemeinsamen Unterbau der Euklidischen und der Nichteuklidischen Geometrie. Je nachdem man nun diesen vorhergehenden Axiomen das Euklidische Parallelenaxiom oder ein ihm widersprechendes Parallelenaxiom hinzufügt, erhält man die Euklidische oder die Nichteuklidische*) Geometrie. Dabei gelten die Sätze, die man von nun an beweisen kann (zu deren Beweis das hinzugefügte Axiom notwendig ist), jeweils nur in der einen der beiden Geometrien, dagegen nicht in der anderen. Damit treten dann die Gemeinsamkeiten und die Verschiedenheiten der beiden Geometrien klar und deutlich hervor.

---

*) Die durchaus berechtigte Frage, ob man nicht das absolute Axiomensystem in verschiedenen Nichteuklidischen Weisen fortsetzen könne, werden wir in Nr. 57 verneinen, indem wir zeigen, daß es nur eine in diesem Sinne Nichteuklidische Geometrie gibt. Daher sprechen wir immer von „der" und nicht von „einer" Nichteuklidischen Geometrie.

## Formalisierung der Geometrie.

**15.** Der Beschäftigung mit dem Hilbertschen Axiomensystem der Euklidischen Geometrie wollen wir einige grundsätzliche Bemerkungen über die moderne Axiomatik der Geometrie vorausschicken:

Die Frage nach der Berechtigung der Nichteuklidischen Geometrie läßt sich von zwei Seiten her behandeln, nämlich als Frage nach der rein logischen Berechtigung oder als Frage nach einer nicht allein durch die rein logische Berechtigung gesicherten Existenz, beispielsweise durch Untersuchung ihrer Übereinstimmung mit der Wirklichkeit oder mit unserer räumlichen Anschauung. Die auf den zweiten Punkt bezüglichen Überlegungen bis Nr. 119—121 zurückstellend, wollen wir uns zunächst ausschließlich mit der rein logischen Seite des Problems beschäftigen.

Hier hat Euklid selbst in seinem axiomatischen Aufbau den ersten, entscheidenden Schritt getan, indem er (Nr. 3, Schluß) in den Beweisen unabhängig von der Anschauung, rein logisch vorgehen wollte. Es ist für den rein logischen Standpunkt nur folgerichtig, wenn man diese Loslösung von der Anschauung auch in den Definitionen durchführt, womit die in Nr. 2 genannten Euklidischen Definitionen der ersten Art (z. B. Def. I, II, IV) ihre Berechtigung verlieren und entbehrlich werden.*) Punkte und Gerade sind jetzt lediglich Worte für irgendwelche Dinge, welche nur formallogisch die durch die Axiome ausgesprochenen Beziehungen erfüllen müssen; denn hierauf allein kommt es für die Beurteilung der Schlüssigkeit einer Beweisführung an. Da die Geometrie, wie erwähnt, ausschließlich mit den durch die Axiome ausgedrückten Beziehungen zwischen den mit dem Worte Punkt bezeich-

---

*) Tannery vertrat schon 1897 die Auffassung, Euklid habe in Wirklichkeit die geometrischen Grundbegriffe durch seine Axiome oder Postulate definiert; nur mit Rücksicht auf den zeitgenössischen Brauch habe er z. B. für die Gerade eine der damals üblichen Erklärungen gewählt (vgl. die Fußnote zu Nr. 2). Damit nahm er die Konzeption der „impliziten" oder „immanenten" Definition vorweg, die Hilbert durch seine „Grundlagen" den Mathematikern nahebrachte, nicht ohne daß es danach noch jahrelanger Diskussion bedurft hätte, bis diese Auffassung ins allgemeine Bewußtsein eindrang. (Vgl. Nr. 17.)

neten (aber nicht über die Axiome hinaus beschriebenen) Dingen rein logisch operiert, können wir dieses Wort und die Beziehungen in jeder mit den Axiomen verträglichen Art deuten. Jede solche formallogisch mögliche Deutung des Axiomensystems, auch „Darstellung" genannt, ob sie nun räumlich-anschaulich, z. B. mit der üblichen Vorstellung der Punkte, oder auf dem Wege über die Zahlen oder sonstwie entsteht, ist jeder anderen logisch gleichwertig*).

**16.** Die räumliche Anschauung ist von großem Werte bei der schöpferischen axiomatischen Arbeit, indem sie angibt, was axiomatisch gefaßt werden soll, den Weg für die abstrakte Formulierung der Axiome weist und zu neuen Ergebnissen hinleitet. Dessen ungeachtet wird auf sie in der fertigen axiomatischen Darstellung nirgends Bezug genommen. Man könnte vergleichend sagen, die räumliche Anschauung sei das Gerüst, das beim Bau des axiomatischen Gebäudes benötigt und nach dessen Fertigstellung als nunmehr überflüssig abgebrochen wird. Darüber hinaus ist eine brauchbare anschauliche Deutung der geometrischen Axiome für den Leser der axiomatischen Darstellung nötig, denn sie erst füllt die abstrakt-logischen Deduktionen über die Möglichkeit der Prüfung auf deren logische Richtigkeit hinaus mit einem Inhalt und macht damit aus einer Menge zwar unanfechtbarer, aber scheinbar willkürlich angehäufter Logik ein seinem Aufbau und Inhalte nach verständliches System. Trotzdem ist bei der rein axiomatischen Behandlung der Geometrie die Unterdrückung jeder Bezugnahme auf die Anschauung, die logische Formalisierung zulässig, ja, sie ist bei Untersuchungen, bei denen es allein auf die rein logischen Beziehungen ankommt, sogar notwendig; man muß sich dabei bemühen, überhaupt von jeglicher Deutung abzusehen: man gewinnt damit das, was als „abstrakte Geometrie" bezeichnet wird**).

*) Die Notwendigkeit dieser Formalisierung findet man beispielsweise bei K. Boehm, „Begriffsbildung", Karlsruhe 1922, 46 S., nachgewiesen.

**) Vgl. hierzu auch F. Schur [12], 1. Absatz von Nr. 37, S. 106. Weitere hier einschlägige Bemerkungen findet man in R. Baldus, „Mathematik und räum-

Es ist ohne weiteres zuzugeben, daß man durch die vollständige Formalisierung wichtige erkenntnistheoretische Fragen beiseite schiebt, beispielsweise solche, die bei Euklids wiederholt erwähnten Definitionen der 1. Art auftauchen. Andererseits steht aber fest, daß es erst durch die einseitige Beschränkung auf die formallogische Seite der Angelegenheit möglich geworden ist, im rein Logischen bis in die letzten Zusammenhänge hinein so klar zu sehen, wie wir es heute tun*).

### A. Anordnungsaxiome.

**17.** Wir wollen uns nun dem in Nr. 13 erwähnten vollständigen Axiomensystem der Euklidischen Geometrie mit Ausnahme des Parallelenaxioms und den daraus folgenden Sätzen zuwenden, d. h. der absoluten Geometrie, und zwar nach dem Schlusse von Nr. 4 der absoluten Geometrie **der Ebene**.

Hilbert baut sein System in 5 Axiomgruppen auf. Dabei ist die „Erklärung" des Wortes „Punkt", die er an die Spitze stellt, ganz im Sinn unserer Nr. 15 als „implizite Definition" zu verstehen**).

Den Axiomen werden wir, wie es übrigens auch Hilbert tut, teilweise Figuren beigeben, um sie gemäß unserer Nr. 16 verständlich zu machen und dem Gedächtnis einzuprägen, wobei die übliche, aus der Elementargeometrie bekannte Deutung der Worte „Punkt", „zwischen", „Punktreihe" (gleichbedeutend mit „Gerade") usw. zugrunde gelegt wird. Dabei bleibt selbstverständlich hier überall, da uns nur die rein logischen Zusammenhänge interessieren, gemäß Nr. 15 die Freiheit bestehen, die Axiome auch in einer von den Figuren abweichenden Weise oder, wenn man zu vollkommener Abstraktion gelangen will, gar nicht zu deuten.

---

liche Anschauung", Jahresbericht der deutschen Mathematiker-Vereinigung, XXX, 1921, S. 1—15. Eine naheliegende, brauchbare, von der üblichen abweichende Deutung der Axiome der Euklidischen Geometrie findet man z. B. in R. Baldus, „Formalismus und Intuitionismus in der Mathematik", Karlsruhe 1924. 45 S., auf S. 11 behandelt.

*) Vgl. G. Hessenberg- W. Schwan, Grundlagen der Geometrie. Berlin und Leipzig 1930.

**) Über die Gründe dafür, daß im folgenden von Hilberts Fassung abgewichen wird, siehe die in Anm. **) zu Nr. 13 genannten Veröffentlichungen. Daselbst ist, bis auf Kleinigkeiten, das hier verwendete Axiomensystem behandelt; selbstverständlich sind hier dadurch, daß es sich nach dem Schlusse von Nr. 4 nur um die Geometrie der Ebene handelt, einige Abänderungen nötig geworden.

1. Erklärung. Die absolute Geometrie handelt von einem System von Dingen, die man „Punkte" nennt und mit großen lateinischen Buchstaben (z. B. $A, B, C$) bezeichnet. Punkte können in einer Beziehung stehen, die durch das Wort „zwischen" bezeichnet wird.

Im folgenden sind unter zwei, drei, ... Punkten immer zwei, drei, ... verschiedene Punkte gemeint*). Die Buchstaben in den Axiomen auftretender Punkte, auf die später zurückgegriffen wird, sind durch Überstreichen hervorgehoben. Diese Punkte können durch andere ersetzt werden, nur muß das gleichzeitig in allen Axiomen geschehen, die von ihnen handeln**).

A 1. Es gibt drei Punkte $\bar{R}, \bar{S}, \bar{T}$, die miteinander in keiner zwischen-Beziehung stehen.

A 2. Zu zwei Punkten $A, B$ gibt es wenigstens einen dritten Punkt $C$ derart, daß $B$ zwischen $A$ und $C$ liegt, in Zeichen $ABC$. (Fig. 1).

A 3. Aus $ABC$ folgt $CBA$. (Fig. 1).

A 4. Unter drei Punkten gibt es nicht mehr als einen, der zwischen den beiden anderen liegt.

A 5. Liegt einer der Punkte $A, B, C$ zwischen den beiden anderen und einer der Punkte $A, B, D$ zwischen den beiden anderen, dann liegt auch einer der Punkte $B, C, D$ zwischen den beiden anderen. (Fig. 1).

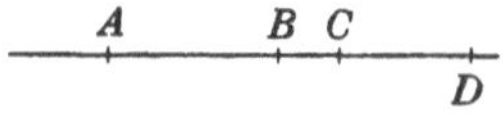

Fig. 1.

2. Erklärung. Sind $A, B$ irgend zwei Punkte, dann bilden die Punkte $A$ und $B$ sowie die Punkte, welche mit $A$ und $B$ in einer zwischen-Beziehung stehen, die „Punktreihe $AB$". Punktreihen werden auch mit kleinen, lateinischen Buchstaben bezeichnet.

---

*) Zwei verschiedene Buchstaben können denselben Punkt bezeichnen, aber zwei Punkte können nicht zusammenfallen, denn dann wären es eben nicht zwei Punkte.

**) Es handelt sich also nicht um Punktindividuen, wie in der Arithmetik um Zahlenindividuen.

3. Erklärung. Jedes Paar von Punkten $A$, $B$ nennt man, ohne Rücksicht auf ihre Reihenfolge, „Strecke $AB$“. Die Punkte zwischen $A$ und $B$ heißen „Punkte in der Strecke $AB$“, $A$ und $B$ heißen „Endpunkte der Strecke $AB$“; alle übrigen Punkte der Punktreihe $AB$ heißen „außerhalb der Strecke $AB$“ gelegen.

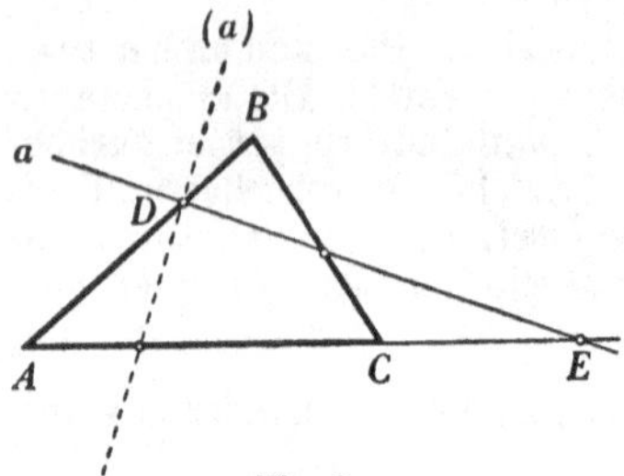

Fig. 2.

A 6. Sind $A$, $B$, $C$ drei Punkte, die miteinander in keiner zwischen-Beziehung stehen, ist $D$ ein Punkt in der Strecke $AB$ und $E$ ein außerhalb der Strecke $AC$ liegender Punkt der Punktreihe $AC$, dann enthält die Punktreihe $DE$ mindestens einen Punkt in der Strecke $BC$ (Fig. 2)*).

4. Erklärung. Sind $O$, $A$, $B$ drei Punkte einer Punktreihe, dann liegen $A$ und $B$ „auf der gleichen Seite von $O$“, wenn $O$ nicht zwischen $A$ und $B$ liegt, „auf verschiedenen Seiten von $O$“, wenn $AOB$ gilt. Die Punkte auf der gleichen Seite von $O$ bilden eine von $O$ ausgehende „Halbpunktreihe“; $O$ gehört nicht zu ihr.

5. Erklärung. Drei Punkte $A$, $B$, $C$, die miteinander in keiner zwischen-Beziehung stehen, bestimmen ein „Dreieck“, „$\Delta ABC$“. Die drei Punkte heißen dessen „Ecken“. Die Punkte in der Strecke $AB$ heißen „Punkte in der Seite $AB$“ oder „Punkte in der Gegenseite von $C$“; diese Punkte sowie $A$ und $B$ heißen „Punkte der Gegenseite von $C$“.

6. Erklärung. Es sei ein $\Delta ABC$ gegeben. Die Punkte derjenigen Punktreihen, welche irgendeine Ecke des Dreiecks und einen Punkt der zugehörigen Gegenseite enthalten, bilden das „Punktfeld $ABC$“.

---

*) Fig. 2 stellt den Fall dar, in dem „genau“ statt „mindestens“ gesagt werden muß. In Nr. 18 wird nach c) davon noch die Rede sein. Vgl. auch 24d.

Die in Nr. 5 erwähnten stillschweigenden Annahmen Euklids beziehen sich fast alle auf die Anordnungsaxiome; diese Axiome fehlen bei Euklid vollständig, eine Lücke, die zwar Gauß schon 1832 empfunden hatte*), die aber erst 1882 von M. Pasch ausgefüllt worden ist (Nr. 5 und Nr. 6), vor allem durch das „Axiom von Pasch", das hier durch das speziellere A 6 ersetzt werden konnte und später als Satz (24d) erscheinen wird.

**18.** Von den Sätzen, die man mit den bisher eingeführten Anordnungs-Axiomen beweisen kann**), seien die folgenden genannt:

a) Irgend drei Punkte einer Punktreihe stehen in einer zwischen-Beziehung; genau einer von ihnen liegt zwischen den beiden anderen.

b) Außerhalb jeder Punktreihe gibt es mindestens einen Punkt.

c) Eine Punktreihe oder „Gerade" ist durch irgend zwei ihrer Punkte eindeutig bestimmt.

Aus c) folgt für A 6 sofort die in Nr. 17 (Fußnote *) vor der 4. Erklärung) erwähnte Eindeutigkeit des der Punktreihe *DE* und der Strecke *BC* gemeinsamen Punktes.

d) Jede Strecke enthält eine unendliche Menge von Punkten.

e) Jede Punktreihe (Gerade) enthält außerhalb jeder Strecke noch eine unendliche Menge von Punkten.

f) Es gibt eine unendliche Menge von Punktreihen (Geraden).

Im Anschluß an die 4. Erklärung beweist man nun den Satz

g) Eine Punktreihe (Gerade) wird durch jeden ihrer Punkte in zwei Halbpunktreihen oder „Halbgerade" zerlegt.

---

*) Vgl. den Brief von Gauß an W. Bolyai: C. F. Gauß, Werke VIII, (1900), S. 222.

**) Die Beweise finden sich in der ersten der beiden in Nr. 13, **) genannten Abhandlungen; überhaupt findet man ebenda noch weitere, im folgenden der Kürze halber weggelassene Beweise von Folgerungen aus dem hier gebrachten Axiomensystem, so den Nachweis, daß nach Hinzunahme des Euklidischen Parallelenaxioms alle Axiome des unveränderten Hilbertschen Axiomensystems der „Grundlagen" folgen.

So wird z. B. in Fig. 3 vermöge g) die Punktreihe $a$ durch den Punkt $O$ in die Halbpunktreihen $O, A, A', \ldots$ und $O, B, B', \ldots$ zerlegt. Jeder von $O$ verschiedene Punkt der Punktreihe liegt in einer dieser beiden Halbpunktreihen.

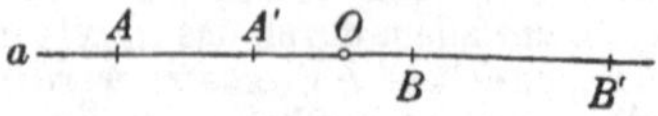

Fig. 3.

h) $a$ sei eine Punktreihe eines Punktfeldes Dann verteilen sich die nicht auf $a$ liegenden Punkte des Feldes auf zwei Punktmengen derart, daß zwei Punkte dann zur gleichen Menge gehören wenn zwischen ihnen kein Punkt von $a$ liegt, zu verschiedenen Mengen, wenn zwischen ihnen ein Punkt von $a$ liegt.

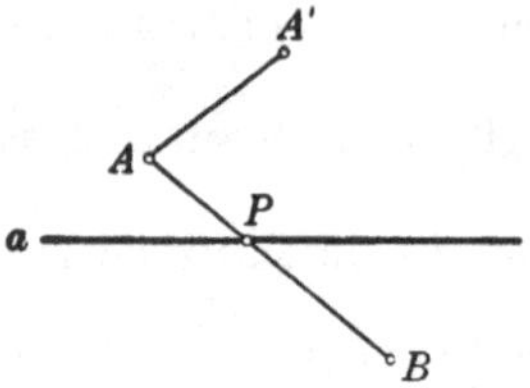

Fig. 4.

Zu h) vgl. Fig. 4, in der $A$ und $B$ zu verschiedenen Punktmengen gehören, da $P$ zwischen $A$ und $B$ liegt, dagegen $A$ und $A'$ zur gleichen Menge*).

### B. Dimensionsaxiom

**19.** Für die ebene Geometrie enthält diese Axiomgruppe nur ein Axiom, nämlich

**B.** Jeder Punkt gehört zum Punktfeld $\overline{RST}$.

Es gibt demnach nur ein Punktfeld; daher kann weiterhin das Punktfeld $\overline{RST}$ kürzer als „das Punktfeld" bezeichnet werden. Die beiden Punktmengen von Satz 18h nennt man „Halbfelder", das ist der Inhalt der

7. Erklärung. Eine Punktreihe zerlegt das Punktfeld in zwei „Halbfelder". Die Punktreihe gehört zu keinem dieser Halbfelder.

Statt Punktfeld und Halbfeld sagt man auch „Ebene" und „Halbebene".

---

*) Beweise der Sätze g und h stehen schon in der Arbeit von G. Feigl „Über die elementaren Anordnungssätze der Geometrie". Jahresber. d. D. Math.-Vereinig. 33, 1924, S. 2—24.

## C. Kongruenzaxiome.

**20.** Während die bisherigen Axiome reine Lagenaussagen enthielten, werden in den nun folgenden Kongruenzaxiomen Gleichheitsbeziehungen zwischen Strecken, dann zwischen Winkeln eingeführt.

8. Erklärung. Strecken können in einer Beziehung stehen, die durch das Wort „kongruent" bezeichnet wird.*)

C 1. Ist eine Strecke $AB$ gegeben, ferner ein Punkt $A'$, dann kann man in jeder Punktreihe, zu der $A'$ gehört, mindestens zwei Punkte $B'$, $B'_1$ derart angeben**), daß $B'A'B'_1$ gilt und daß die Strecke $AB$ den Strecken $A'B'$ und $A'B'_1$ kongruent ist, in Zeichen***) $AB \equiv A'B'$, $AB \equiv A'B'_1$.

Davon, daß statt des in diesem Axiom geforderten „mindestens" das Wort „genau" gilt, wird noch in Nr. 22a die Rede sein. Da $AB$ und $BA$ nach der 3. Erklärung in Nr. 17 dieselbe Strecke bezeichnen, gelten zufolge Axiom C 1 auch die Beziehungen $BA \equiv A'B'$, $AB \equiv B'A'$, $BA \equiv B'A'$ und die entsprechenden, wenn man $B'_1$ an die Stelle von $B'$ setzt. Da ferner C 1 die Forderung enthält, daß $B'A'B'_1$ gilt, folgt gemäß der 4. Erklärung (Nr. 17) aus C 1 auch, daß in Fig. 5, wenn $AB$, $a'$, $A'$ und die eine Seite von $A'$ gegeben ist, der Punkt $B'$ (nach 22a eindeutig) bestimmt ist, wenn er auf dieser Seite liegen soll.

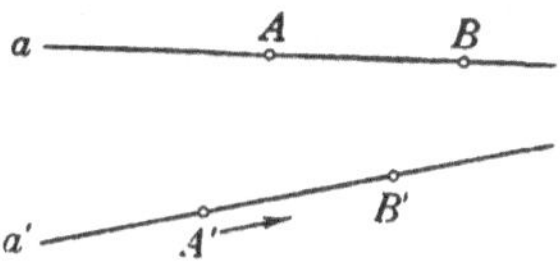


Fig. 5.

C 2. Aus $A'B' \equiv AB$ und $A''B'' \equiv AB$ folgt $A'B' \equiv A''B''$.

Daraus ergibt sich, daß jede Strecke sich selbst kongruent ist, d. h. die Streckenkongruenz ist eine reflexive Beziehung. Ferner ist zu schließen, daß diese Beziehung symmetrisch ist, d. h. aus $AB \equiv A'B'$ folgt $A'B' \equiv AB$, so daß man sagen kann: „Zwei Strecken sind einander kongruent". Endlich folgt, daß die Strecken-

*) Es ist nach dem in Nr. 15 und 16 Gesagten fast überflüssig, zu bemerken, daß der Begriff der Kongruenz durch die folgenden Axiome C1 bis C6 implizit definiert wird.

**) Ob $A'$ in der Punktreihe $AB$ liegt oder nicht, ob die Punktreihe $A'B'$ dieselbe ist wie die Punktreihe $AB$ oder nicht, ist dabei gleichgültig.

***) J. Bolyai hat dieses Zeichen für die Kongruenz aus der Gaußschen Zahlentheorie in die Geometrie übernommen.

kongruenz auch transitiv ist, d. h. aus $AB \equiv CD$, $CD \equiv EF$ ergibt sich $AB \equiv EF$. Die Streckenkongruenz ist also eine „Äquivalenz- oder Gleichheitsbeziehung".

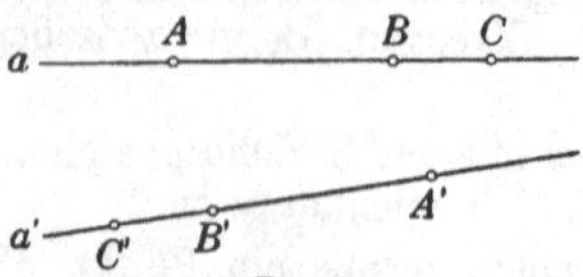

Fig. 6.

C 3. Ist $B$ Punkt einer Strecke $AC$ und $B'$ Punkt einer Strecke $A'C'$, ist überdies $AB \equiv A'B'$ sowie $BC \equiv B'C'$, dann ist $AC \equiv A'C'$. (Fig. 6).

**21.** Es wird nun zunächst der Begriff des Winkels eingeführt; die beiden nächsten Axiome handeln dann von der Kongruenz von Winkeln.

9. Erklärung. Jedes Paar von einem Punkt $O$ ausgehender Halbpunktreihen $h$, $k$, die nicht zu derselben Punktreihe gehören (Fig. 7), nennt man, ohne Rücksicht

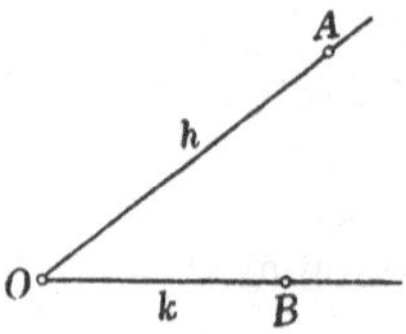

Fig. 7.

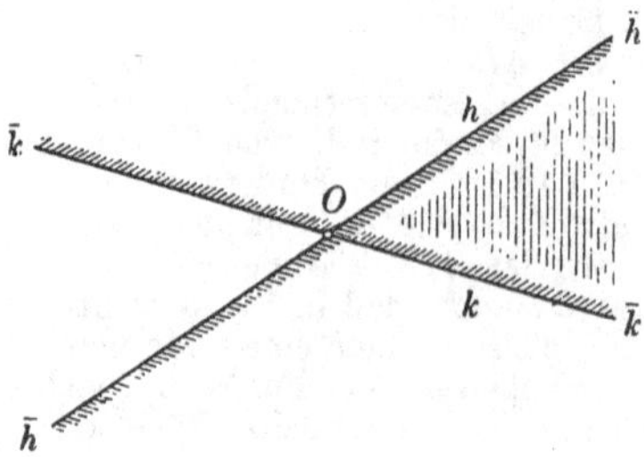

Fig. 8.

auf ihre Reihenfolge, „Winkel" und bezeichnet es mit „$\sphericalangle$ $(h,k)$" oder „$\sphericalangle$ $(k, h)$". $h$ und $k$ heißen die „Schenkel" des Winkels, $O$ heißt dessen „Scheitel". Ist $A$ ein Punkt von $h$ und $B$ ein Punkt von $k$*), dann bezeichnet man den Winkel mit „$\sphericalangle AOB$" oder „$\sphericalangle BOA$".

Sind $\bar{h}$ und $\bar{k}$ die Punktreihen, deren Halbpunktreihen $h$ und $k$ sind (Fig. 8), dann bildet die Gesamtheit der Punkte, die zugleich demselben von $\bar{h}$ begrenzten Halbfelde wie

*) $A$ und $B$ sind nach der 4. Erklärung (Nr. 17) von $O$ verschieden.

die Punkte von $k$ und demselben von $\bar{k}$ begrenzten Halbfelde wie die Punkte von $h$ angehören, das „Innere" des Winkels. Die übrigen von $O$ verschiedenen und nicht zu $h$ oder $k$ gehörenden Punkte bilden das „Äußere" des Winkels.

Nach dieser Erklärung gibt es nur hohle Winkel, keine gestreckten oder erhabenen. Zwischen zwei Punkten des Winkelinneren liegt kein Punkt eines Winkelschenkels.

a) Enthält eine Gerade den Scheitel $O$ eines $\sphericalangle AOB$ und einen Punkt des Winkelinneren, dann trifft sie die Strecke $AB$*).

10. Erklärung. Winkel können in einer Beziehung stehen, die durch das Wort „kongruent" bezeichnet wird.

C 4. Es sei $\sphericalangle (h, k)$ gegeben sowie eines der beiden Halbfelder $\alpha'$, in die eine gegebene Punktreihe $a'$ das Punktfeld zerlegt; $h'$ sei eine Halbpunktreihe von $a'$ (Fig. 9). Dann gibt es genau eine Halbpunktreihe $k'$ so, daß $\sphericalangle (h, k)$ dem $\sphericalangle (h', k')$ kongruent ist und zugleich ein Punkt von $k'$ zu $\alpha'$ gehört, in Zeichen $\sphericalangle (h, k) \equiv \sphericalangle (h', k')$.

C 5. $\sphericalangle (h, k) \equiv \sphericalangle (h, k)$.

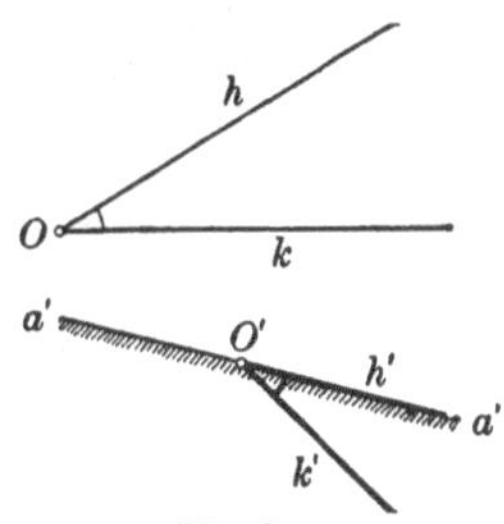

Fig. 9.

Unter Verwendung der vor der 10. Erklärung erwähnten Tatsache beweist man nun leicht, daß jeder Punkt des Winkelinneren von $\sphericalangle (h', k')$ zu $\alpha'$ gehört.

22. Das nun folgende letzte Kongruenzaxiom schlägt die Brükke zwischen der Strecken- und der Winkelkongruenz. Es lautet (Fig. 10):

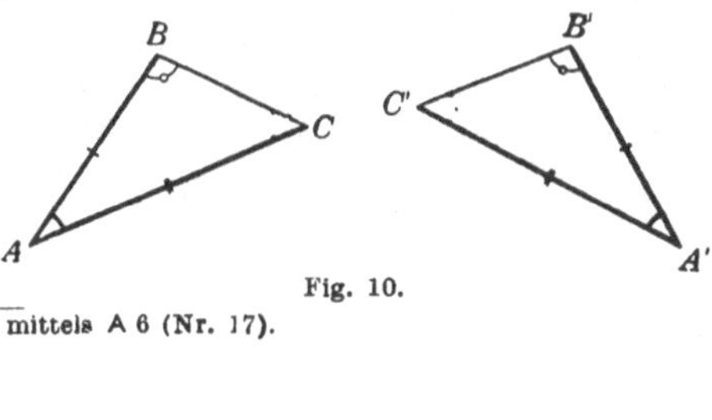

Fig. 10.

*) Beweis mittels A 6 (Nr. 17).

C 6. Es seien $\Delta ABC$ und $\Delta A'B'C'$ mit den Kongruenzen $AB \equiv A'B'$, $AC \equiv A'C'$, $\sphericalangle BAC \equiv \sphericalangle B'A'C'$ gegeben, dann ist auch $\sphericalangle ABC \equiv \sphericalangle A'B'C'$.

Durch das Axiom C1 (Nr. 20) ist die Existenz **mindestens** zweier Punkte $B'$, $B'_1$ mit den dort verlangten Eigenschaften gefordert; aus den übrigen Kongruenzaxiomen folgt nun der Satz

a) **Es gibt unter den Voraussetzungen des Axioms C 1 immer genau zwei Punkte, die dieses Axiom erfüllen.**

C 6 zeigt, daß nicht zwischen gleichsinniger und gegensinniger (spiegelbildlicher) Kongruenz unterschieden wird. Durch die Kongruenzaxiome sind diejenigen Beziehungen gefaßt, welche dem Euklidischen Bewegungsbegriff*) zugrunde liegen. Man kann nun davon sprechen, daß man eine Strecke auf eine Gerade „legt", einen Winkel an eine Gerade „anlegt" usw., um die durch die Kongruenzaxiome gewährleistete kongruente Übertragung kurz zu kennzeichnen.

Unter Bezugnahme auf Nr. 15 und den Absatz vor der 1. Erklärung in Nr. 17 sei nochmals darauf hingewiesen, daß vom Standpunkte der rein formalen Logik aus auch das Wort „kongruent" in von der üblichen Weise durchaus abweichendem Sinne gedeutet werden kann, wenn nur die formale Übereinstimmung mit den Axiomen erhalten bleibt. Gerade die eigentümliche Deutung des Wortes „kongruent" wird uns später den Schlüssel zur Nichteuklidischen Geometrie in die Hand geben (Nr. 41ff., 49ff.).

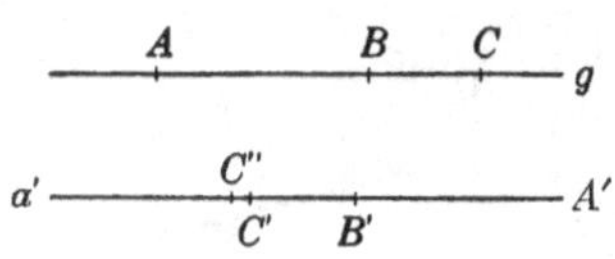

Fig. 11.

Als wichtige Folgerung aus bisherigen Axiomen und dem Satz 22 a ergibt sich nun der Satz

b) Auf einer Geraden $g$ liege der Punkt $B$ zwischen den Punkten $A$ und $C$ (Fig. 11). Auf einer von einem Punkt $A'$ begrenzten Halbgeraden $a'$ (die auf oder außerhalb $g$ liegen kann) bestimme man die Punkte $B'$ und $C'$ so, daß $A'B' \equiv AB$ ist und $A'C' \equiv AC$. **Dann liegt auch** $B'$ **zwischen** $A'$ **und** $C'$.

*) Zu den „Bewegungen" sind noch die „Umlegungen" hinzuzunehmen, welche die Figuren in gegensinnig kongruente verwandeln.

Beweis: Nach den Sätzen 18 g und 22 a kann man (Fig. 11) einen einzigen Punkt $C''$ auf $a'$ so bestimmen, daß $B'$ zwischen $A'$ und $C''$ liegt und daß $B'C'' \equiv BC$ ist. Dann ist nach Axiom C 3 auch $A'C'' \equiv AC$, und da auch $A'C' \equiv AC$ vorausgesetzt ist, folgt aus Satz 22a, daß $C'$ mit dem soeben angegebenen Punkte $C''$ zusammenfällt, d. h. daß $B'$ auch zwischen $A'$ und $C'$ liegt.

## Folgerungen aus den Axiomgruppen A—C.

**23.** Mit den Axiomen der bisher genannten drei Gruppen (Anordnung, Verknüpfung, Kongruenz) kann man viele bekannte Sätze der Euklidischen und damit auch der absoluten Geometrie in bekannter Art beweisen. Einige von ihnen seien genannt, wobei in deren Formulierung in der üblichen Weise statt „kongruent" vielfach „gleich" gesagt wird:

a) 1. Kongruenzsatz für Dreiecke: Wenn für zwei Dreiecke $ABC$ und $A'B'C'$ die Kongruenzen $AB \equiv A'B'$, $AC \equiv A'C'$, $\sphericalangle A \equiv \sphericalangle A'$ gelten, so sind die beiden Dreiecke kongruent, d. h. es ist auch $BC \equiv B'C'$, $\sphericalangle B \equiv \sphericalangle B'$, $\sphericalangle C \equiv \sphericalangle C'$. (Beweis in den „Grundlagen".)

b) Man kann jede Strecke und jeden Winkel in eindeutiger Weise halbieren.

c) Es gibt Winkel, welche einem ihrer Nebenwinkel gleich sind.

11. Erklärung. Ein Winkel, der einem seiner Nebenwinkel kongruent ist, heißt ein „rechter Winkel".*)

d) Im gleichschenkligen Dreieck sind die Basiswinkel gleich, die Halbierungslinie des Winkels an der Spitze ist die Mittelsenkrechte der Basis.

e) Ist $P$ ein Punkt und $g$ eine ihn nicht enthaltende Gerade, dann gibt es durch $P$ genau eine Gerade, die $g$ trifft und zu $g$ senkrecht steht.

f) Es gibt in jedem Punkt einer Geraden genau ein Lot zu dieser Geraden.

g) Sind $A$ und $B$ zwei Punkte, dann haben alle und nur die Punkte der Mittelsenkrechten zu $AB$ von den beiden Punkten gleiche Abstände.

*) Die Erklärungen für die Worte „Senkrechtstehen", „Mittelsenkrechte", „Nebenwinkel", „Scheitelwinkel" und ähnliche bekannte Bezeichnungen haben wir der Kürze halber weggelassen.

h) 3. Kongruenzsatz: Zwei Dreiecke sind kongruent, wenn die Seiten des einen den Seiten des anderen kongruent sind.

i) Zu gleichen Winkeln gehören gleiche Nebenwinkel.

j) Scheitelwinkel sind einander gleich.

k) Die Halbierungslinien zweier Nebenwinkel stehen aufeinander senkrecht.

Auch die bekannten Umkehrungen von Satz d) kann man leicht beweisen. In den „Grundlagen“ wird gezeigt, daß man mit den Axiomen der Gruppen **A** — **C** auch den Satz beweisen kann, daß alle rechten Winkel gleich sind; durch diese Axiome wird daher das Euklidische IV. Postulat überflüssig. Da, wie wir schon bemerkten (Nr. 6, Schluß), die Ergänzung des unvollständigen Euklidischen Axiomensystems nicht eindeutig bestimmt ist, kann man Euklid auch in anderer Weise als Hilbert und dann möglicherweise so vervollständigen, daß Euklids IV. Postulat als Axiom bestehen bleibt.

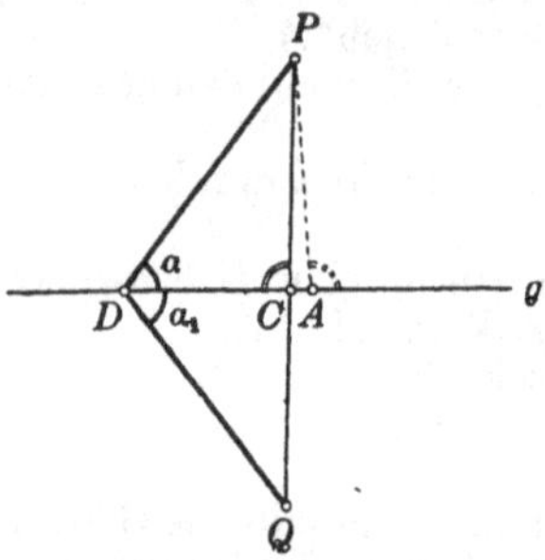


Fig. 12.

Der Beweis des wichtigen Satzes 23e muß, wovon am Schlusse von Nr. 27 noch zu sprechen sein wird, anders als bei Euklid geführt werden, etwa in der folgenden Weise: Der Punkt $P$ liege nicht auf der Geraden $g$, ferner sei $D$ ein Punkt von $g$ und $\alpha$ der Winkel mit $PD$ und der einen von $D$ ausgehenden Halbgeraden von $g$ als Schenkeln (Fig. 12). Nach **C** 4 gibt es nur einen $\sphericalangle\, \alpha_1 \equiv \sphericalangle\, \alpha$ so, daß $\alpha$ und $\alpha_1$ auf verschiedenen Seiten von $g$ liegen und den Schenkel auf $g$ gemeinsam haben. Nach Satz 22a ist auf dem anderen Schenkel von $\alpha_1$ durch $DQ \equiv DP$ ein Punkt $Q$ bestimmt. Die Strecke $PQ$ trifft $g$ vermöge Satz 18h in einem Punkte $C$.*) Nach dem 1. Kongruenzsatz ist $\triangle\, PDC \equiv \triangle\, QDC$, daher $\sphericalangle\, PCD \equiv \sphericalangle\, QCD$, und diese Winkel sind rechte Winkel (11. Erklärung), d. h. $PC$ ist ein Lot von $P$ auf $g$. Es ist auch das einzige, denn wären $PA$ und $PC$ Lote auf $g$ (man hat die Fig. 12 noch einmal entstehend zu denken), dann könnte man nach **A** 2

*) Fällt (Fig. 12) in $g$ Punkt $C$ auf die andere Seite von $D$, dann zieht man Satz 23, i heran.

auf $g$ einen Punkt $D$ außerhalb der Strecke $AC$ annehmen. Machte man nun $\sphericalangle\, \alpha_1 \equiv \sphericalangle\, \alpha$, $DQ \equiv DP$, dann wäre nach C 6 $\sphericalangle\, DCQ \equiv \sphericalangle\, DCP$, daher läge nach der 11. Erkl. und wegen der Gleichheit aller rechten Winkel der Punkt $Q$ auf der Verlängerung von $PC$. Ebenso müßte aber $Q$ auf der Verlängerung von $PA$ liegen, die beiden Lote würden auf zwei Geraden liegen, die im Widerspruch mit Satz 18 c die beiden Punkte $P$ und $Q$ gemeinsam hätten.

Den Satz 23f beweist man einfach dadurch, daß man ein gezeichnetes gleichschenkeliges Dreieck mit der Basis auf die Gerade und mit dem Basismittelpunkt auf den gegebenen Punkt gelegt denkt.

Alles von der Streckenkongruenz in Nr. 20 nach C 2 vor C 3 Gesagte gilt auch von der Winkelkongruenz, wie aus C 5 und 23h zu schließen ist.

**24.** Unter den weiteren mit den Axiomen A—C beweisbaren Sätzen kommen für uns vor allem auch die folgenden in Betracht:

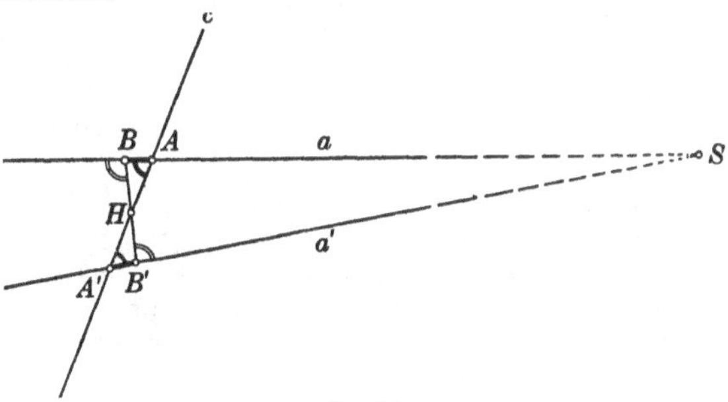


Fig. 13.

a) Bilden zwei verschiedene Gerade mit einer dritten Geraden gleiche Wechselwinkel, dann haben sie keinen Punkt gemeinsam.

Hier ein Beweis dieses Satzes: $a$ und $a'$ schneiden $c$ in $A$ und $A'$ (Fig. 13) unter gleichen Wechselwinkeln. Sind dies rechte Winkel, dann folgt der zu beweisende Satz unmittelbar aus 23 e. Die Wechselwinkel seien nun keine rechten Winkel. Dann nehmen wir an, $a$ und $a'$ hätten einen Schnittpunkt $S$. Man könnte dann $AA'$ in $H$ halbieren (23 b) und das Lot $HB$ auf $a$ fällen (23 e).

Weiterhin könnte man $A'B' \equiv AB$ machen (22 a), dann wäre nach Axiom C 6 $\sphericalangle B' \equiv \sphericalangle B$ ein rechter Winkel und $\sphericalangle AHB \equiv \sphericalangle A'HB'$. Zufolge 23 j und C 4 wären diese beiden letzten Winkel Scheitelwinkel, daher lägen die Punkte $B$, $H$, $B'$ in einer Geraden, zu welcher es im Widerspruch mit 23 e aus $S$ die zwei Lote $SB$ und $SB'$ gäbe.

**12. Erklärung.** Zwei Punktreihen, die keinen Punkt gemeinsam haben, nennt man „parallel".

Ein oft benötigter Spezialfall des Satzes a), den man auch unmittelbar aus 23 e folgern kann, ist der Satz

b) Stehen zwei Gerade auf einer dritten senkrecht, dann sind sie parallel.

Die für uns wichtigste Folgerung aus dem Satz a) lautet

c) Es gibt zu jeder Geraden durch jeden nicht auf ihr liegenden Punkt mindestens eine Parallele.

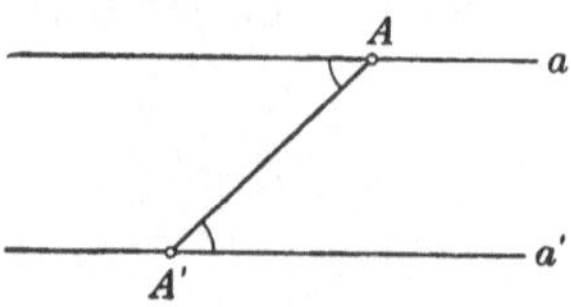

Fig 14.

Beweis (Fig. 14): Ist $a'$ die Gerade, $A$ der Punkt, dann wählt man $A'$ auf $a'$ beliebig und macht nach C 4 die in der Figur gleich bezeichneten Wechselwinkel gleich. Dann sind nach dem Satz a) die Geraden $a$ und $a'$ parallel.

Das Wort „mindestens" in diesem Satze c) ist deshalb nötig, weil man aus den Axiomgruppen A—C allein nicht beweisen kann, daß die Gerade $a$ unabhängig von der Wahl des Punktes $A'$ ist.

Da demnach aus den Axiomgruppen A—C die Existenz der Parallelen folgt, müßte eine Geometrie, in der es auch nur zu einer einzigen Geraden durch einen einzigen Punkt keine Parallele gäbe, im Widerspruch mit mindestens einem Axiome dieser drei ersten Gruppen stehen.

Als weiterer beweisbarer Satz sei noch der folgende genannt:

d) Trifft eine Gerade die Seite $AB$ eines $\Delta ABC$ und keine von dessen Ecken, dann trifft sie auch noch genau eine weitere Dreieckseite*). (Vgl. $a$ und $(a)$ in Fig. 2, Nr. 17, sowie die Bemerkung am Schluß von Nr. 17.)

*) Beweis (nur mittels der Axiomgruppe A) in der ersten der in Anm. **) zu Nr. 13 genannten Abhandlungen, S. 217—218. Man beachte, daß 24 d inhaltlich über die aus Satz 18 c für A 6 gezogene Folgerung hinausgeht.

**25.** Die Beziehungen „größer" und „kleiner" bei Strecken faßt man durch die

13. Erklärung. Sind $AB$ und $A'B'$ zwei Strecken und kann man einen Punkt $C$ in $AB$ so angeben, daß $AC \equiv A'B'$ ist, dann nennt man $A'B'$ kleiner als $AB$, $AB$ größer als $A'B'$, in Zeichen $A'B' < AB, AB > A'B'$.

Aus Satz 22 b folgt nun sofort der Satz

a) Von zwei nicht kongruenten Strecken ist eine bestimmte kleiner als die andere.

Entsprechendes findet man für Winkel an Hand der

14. Erklärung. Sind $\sphericalangle(a, b)$ und $\sphericalangle(a', b')$ zwei Winkel und kann man eine vom Scheitel von $\sphericalangle(a, b)$ innerhalb des Winkels ausgehende Halbgerade $c$ so angeben, daß $\sphericalangle(a, c) \equiv \sphericalangle(a', b')$ ist, dann nennt man $\sphericalangle(a', b')$ kleiner als $\sphericalangle(a, b)$, $\sphericalangle(a, b)$ größer als $\sphericalangle(a', b')$.

In diesen Definitionen von größer und kleiner steckt das Euklidische Axiom VIII für Strecken- und Winkelgrößen.

**26.** Hieran anschließend beweist man die bekannten Sätze

a) Jeder Außenwinkel eines Dreiecks ist größer als jeder ihm nicht benachbarte Innenwinkel*).

b) Im Dreieck kann höchstens ein Winkel nicht spitz sein.

c) Im spitzwinkligen Dreieck liegt jede Höhe innerhalb des Dreiecks, im nicht spitzwinkligen die vom größten Winkel ausgehende.

d) 2. Kongruenzsatz: Zwei Dreiecke $ABC$ und $A'B'C'$ sind kongruent, wenn $AB \equiv A'B'$ ist, $\sphericalangle A \equiv \sphericalangle A'$ und weiterhin entweder $\sphericalangle B \equiv \sphericalangle B'$ oder $\sphericalangle C \equiv \sphericalangle C'$.

e) Sind $a, b$ zwei sich schneidende Gerade und $h, k$ die Halbierungslinien der vier durch $a$ und $b$ bestimmten Winkel, dann haben alle und nur die Punkte der Geraden $h$ und $k$ gleiche Abstände von $a$ und $b$.

f) Die drei Halbierungslinien der Winkel eines Dreiecks schneiden sich in einem Punkt innerhalb des Dreiecks.

*) Auf diesem Satze baut Euklid in den Elementen I, 26 den Beweis für die Existenz von Parallelen auf.

g) Im Dreieck liegt der größeren von zwei Seiten der größere Winkel gegenüber und dem größeren von zwei Winkeln die größere Seite.

h) Die Summe von zwei Dreiecksseiten ist größer als die dritte Seite („Dreiecksungleichung“).

i) 4. Kongruenzsatz: Zwei Dreiecke $ABC$ und $A'B'C'$ sind kongruent, wenn $AB \equiv A'B'$ ist, $BC \equiv B'C'$, $\sphericalangle C \equiv \sphericalangle C'$ und $AB > BC$.

Aus g) folgt, daß im rechtwinkligen Dreieck die Hypotenuse größer ist als jede Kathete, nach i) sind zwei rechtwinklige Dreiecke, die in der Hypotenuse und einer Kathete übereinstimmen, kongruent.

j) Ist $A$ ein Punkt, $g$ eine ihn nicht enthaltende Gerade und $G$ der Fußpunkt des von $A$ auf $g$ gefällten Lotes (23 e), dann ist $AG$ die kürzeste Strecke mit dem einen Endpunkt $A$ und dem anderen Endpunkt auf $g$.

k) Haben $A$, $g$, $G$ die Bedeutung des vorigen Satzes und sind $P$ und $Q$ zwei weitere Punkte von $g$, wobei $GP > GQ$ ist dann ist auch $AP > AQ$.

Bei Euklid treten nur die drei ersten Kongruenzsätze auf, und zwar im ersten Buch der Elemente, der 1. Kongruenzsatz als Satz 4, der 3. als Satz 8 und der 2. als Satz 26. Der 4. Kongruenzsatz ist zum erstenmal im Jahre 1750 ausgesprochen worden (vgl. Tropfke [14], S. 99).

### Einige Sätze über den Kreis.

27. Man definiert nun nach Hilbert den Kreis durch die 15. Erklärung. Ist $M$ ein beliebiger Punkt, so heißt die Gesamtheit derjenigen Punkte $A_i$, für welche die Strecken $MA_i$ einander kongruent sind, ein „Kreis“; $M$ heißt der Mittelpunkt des Kreises, die Strecken $MA_i$ heißen Halbmesser des Kreises.

Aus den Axiomgruppen A—C ergeben sich unter anderem folgende Sätze über den Kreis:

a) Im Kreise gehören zu gleichen Zentriwinkeln gleiche Sehnen und zu gleichen Sehnen gleiche Zentriwinkel.

b) Eine Gerade trifft einen Kreis höchstens in zwei Punkten.

c) Ist $A$ ein Punkt eines Kreises mit dem Mittelpunkt $M$, dann trifft jede Gerade durch $A$, die nicht zu $AM$ senkrecht steht, den Kreis in genau einem weiteren Punkte, während die in $A$ zu $AM$ senkrechte Gerade den Kreis nicht mehr trifft. Diese letztere Gerade heißt Tangente des Kreises in $A$ und $A$ ihr Berührpunkt.

d) Durch jeden vom Berührpunkte verschiedenen Punkt einer Kreistangente kann man noch genau eine weitere Tangente an den Kreis legen.

e) Ist $P$ ein Punkt, durch den zwei Tangenten an einen Kreis mit dem Mittelpunkt $M$ gehen und sind $A_1$ und $A_2$ deren Berührpunkte, dann ist $PA_1 \equiv PA_2$ und $\sphericalangle A_1PM \equiv \sphericalangle A_2PM$.

f) Zu jedem Dreieck gehört genau ein Kreis, dessen Mittelpunkt im Innern des Dreiecks liegt und der die Dreieckseiten zu Tangenten hat, der Inkreis des Dreiecks.

g) Zwei Kreise können höchstens zwei Punkte gemeinsam haben, ihre Mittelpunkte liegen dann auf der Mittelsenkrechten zu der durch diese beiden Punkte begrenzten Strecke.

h) Haben zwei Kreise genau einen Punkt gemeinsam, dann haben sie in ihm die Tangente gemeinsam.

16. Erklärung. Ist ein Kreis mit dem Mittelpunkt $M$ und einem Halbmesser $MA$ gegeben, dann bilden diejenigen Punkte $B_i$, für welche $MB_i < MA$ ist, das „Innere" des Kreises, diejenigen Punkte, für welche $MB_i > MA$ ist, das „Äußere" des Kreises.

Zu Satz 23e sei nachträglich bemerkt, daß bei Euklid I, 12 das Lot aus einem Punkte $P$ auf eine Gerade $g$ (Fig. 15) in der Weise konstruiert wird, daß man auf der von $P$ abgewendeten Seite von $g$ einen Punkt $K$ annimmt, um $P$ den Kreis durch $K$ beschreibt und die von den Schnittpunkten dieses Kreises mit $g$ begrenzte Strecke $AB$ in $L$ halbiert. $PL$ ist dann das gesuchte Lot. Dabei wird stillschweigend vorausgesetzt, daß $g$ diesen Kreis schneidet. Tatsächlich kann

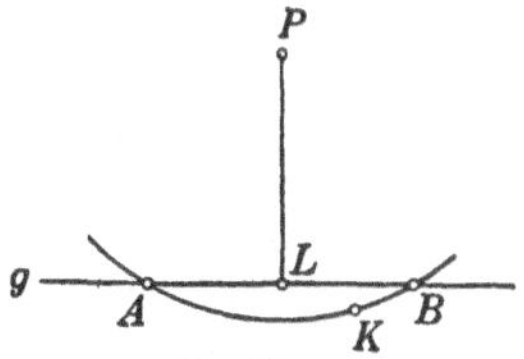

Fig. 15.

man bei ausschließlicher Verwendung der Axiomgruppen A—C diese Annahme Euklids, daß eine Gerade, die einen Punkt innerhalb eines Kreises enthält, den Kreis trifft, nicht beweisen*). Er hätte diese Klippe gemäß 27c umsteuern können, wenn er $K$ auf $g$ angenommen hätte.

Euklid definiert in der Def. XV des ersten Buches den Kreis folgendermaßen: „Ein Kreis ist eine ebene, von einer einzigen Linie eingeschlossene Figur, bei der die Strecken, die sich nach ihr von einem gewissen Punkt innerhalb der Figur erstrecken, alle einander gleich sind". Man könnte diese Definition so auffassen, daß darin die Tatsache ausgesprochen ist, daß der Kreis die Ebene in zwei Gebiete teilt, und dann würde der angegebene Satz aus der Definition des Kreises folgen. Diese Definition hätte aber dann den Mangel, daß sie nicht, wie die Hilbertschen Erklärungen, nur schon bekannte Eigenschaften verwendet und neue Bezeichnungen einführt, sondern daß sie, was nur die Axiome tun sollen, neue Eigenschaften einführt. Deshalb wechseln auch bei Hilbert Erklärungen und Axiome miteinander ab.

## D. Axiome des Messens.

**28.** In Hilberts „Grundlagen" folgt auf die Axiome der Kongruenz als einziges der Gruppe IV das Axiom der Parallelen. Es schließen sich in der Axiomgruppe V die Axiome der Stetigkeit an, nämlich das Archimedische Axiom V, 1 und das Vollständigkeitsaxiom V, 2. Damit ist Hilberts Axiomensystem abgeschlossen. Da unser Ziel zufolge Nr. 14 ein Axiomensystem der absoluten Geometrie ist, werden wir von den „Grundlagen" im folgenden noch in einigen Punkten abweichen: Das Euklidische Parallelenaxiom schieben wir an das Ende des Axiomensystems der Euklidischen Geometrie. Bei uns folgen nun in der Axiomgruppe D zwei „Axiome des Messens"; D entspricht daher Hilberts Axiomgruppe V. Unser D 1 ist eine spezielle Form des sogenannten „Archimedischen Axioms", während an Stelle von Hilberts Vollständigkeitsaxiom**) als unser Axiom D 2 eine besondere Fassung eines von G. Cantor stammenden Axioms tritt. Damit ist dann das Axiomensystem der absoluten Geometrie abgeschlossen, ihm kann später zur Gewinnung der Euklidischen Geometrie das Euklidische Parallelenaxiom angefügt werden. Dies liefert folgende Fortsetzung unseres Axiomensystems:

*) Vgl. hierzu Enriques [5], S. 141.
**) Von diesem wird noch am Schluß von Nr. 36 die Rede sein.

D 1. Es gibt eine Strecke $AB$ einer Punktreihe $a$ von folgender Art (Fig. 16): $A_1$ sei ein beliebiger Punkt in der Strecke; in $a$ gibt es dann $n-1$ Punkte $A_2, A_3, \ldots, A_n$, so daß die Strecken $AA_1, A_1A_2, \ldots, A_{n-1}A_n$ einander kongruent sind und $B$ zwischen $A_{n-1}$ und $A_n$ liegt.

Wir wollen den Sachverhalt von D 1 kurz durch den Ausdruck „die Strecke $AA_1$ und die Strecke $AB$ verhalten sich zueinander Archimedisch" bezeichnen.

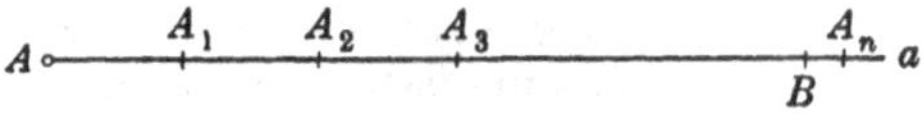


Fig. 16.

Aus D 1 und den Axiomgruppen A—C läßt sich dann folgern:

a) Jeder Winkel verhält sich zu jedem anderen Archimedisch.

Daraus kann man dann, vor allem mittels der Kongruenzaxiome, beweisen:

b) Jede Strecke verhält sich zu jeder anderen Archimedisch*).

Die Bezeichnung „Archimedisches Axiom" für den Sachverhalt 28 b (oder für den spezielleren D 1) ist, historisch betrachtet, nicht korrekt, da dieses Axiom jedenfalls schon auf Eudoxus zurückgeht. Es wird deshalb in der neueren Literatur auch als Axiom des Eudoxus bezeichnet (z. B. in Zacharias [15]). Wir bleiben bei der in der Literatur viel häufiger auftretenden Bezeichnung des Axioms als Archimedisches Axiom, die sich auch bei Hilbert und seiner Schule findet. Wenn man, wie in Nr. 25, die Bezeichnung kleiner und größer für Strecken schon eingeführt hat, dann kann man das Archimedische Axiom kürzer so aussprechen: Es gibt eine Strecke, zu der von jeder Teilstrecke ein Vielfaches existiert, das größer ist als jene. Bei Euklid tritt das Archimedische Axiom versteckt in der Def. IV des 5. Buches auf: „Ein Verhältnis zueinander haben Größen, welche vervielfältigt einander übertreffen können". Dazu ist grundsätzlich dasselbe zu bemerken wie zur Euklidischen Def. XV des Kreises am Schluß unserer Nr. 27.

*) Die Sätze a) und b) sind bewiesen bei R. Baldus, „Zur Axiomatik der Geometrie III. Über das Archimedische und das Cantorsche Axiom", Sitzungsberichte der Heidelberger Akademie der Wissenschaften, 1930, 12 S. (Dort ist die letzte Anm. zu streichen.)

**29.** Das Archimedische Axiom (D 1) ermöglicht durch den Satz 28 b die Messung der Strecken, und zwar in der Weise, daß man zunächst einer speziellen, willkürlichen Strecke die Länge 1 gibt; sie heißt die „Einheitsstrecke". Nun kann man jeder Strecke eindeutig eine positive (rationale oder irrationale) Länge zuordnen, wenn man folgende Festsetzungen macht:

a) Kongruente Strecken haben dieselbe Länge;

b) Ist $B$ ein Punkt einer Strecke $AC$ und haben $AB$ und $BC$ die Längen $a$ und $b$, dann hat $AC$ die Länge $a + b$.

Hieraus folgt zunächst, daß der Halbierungspunkt $H$ einer Einheitsstrecke $AB$ die Strecken $AH$ und $HB$ mit den Längen $1/2$ liefert, deren Halbierungspunkte Strecken mit den Längen $1/4$ usf. Durch solches fortgesetzte Halbieren, durch das demnach die Länge wegen $\lim_{m\to\infty} (\frac{1}{2})^m = 0$ schließlich beliebig klein wird, läßt sich jede Strecke kleiner als eine willkürlich vorgegebene Strecke machen; das ist eine Folge des Archimedischen Axioms, es ergibt sich durch eine naheliegende indirekte Schlußweise aus 28b.

Wie man die Zuordnung der Längen zu den Strecken bestimmen kann, zeigt das Beispiel der Fig. 17 für die Strecke $AP$: $AA_1$ habe die Länge 1. Dann hat bei Anwendung des Archimedischen Axioms die Strecke $AA_{n-1}$ nach den Festsetzungen a) und b) die Länge $n - 1$, die Strecke $AA_n$ die Länge $n$, und für die Länge $p$ von $AP$ ergibt sich daraus zufolge b) ein 1. Näherungswert $n - 1 < p_1 < n$; nun halbiert man $A_{n-1}A_n$ in $H_1$ und erhält einen 2. Näherungswert $n - \frac{1}{2} < p_2 < n$, man halbiert $H_1A_n$ in $H_2$ und erhält als 3. Näherungswert $n - \frac{1}{2} < p_3 < n - \frac{1}{4}$ usw. In dieser Weise wird $p$ in immer engere Grenzen eingeschlossen, und $p$ läßt sich, auch wenn das Verfahren nicht durch Zusammenfallen eines der Halbierungspunkte mit $P$ abbrechen sollte, mit jeder vorgegebenen Genauigkeit angeben.

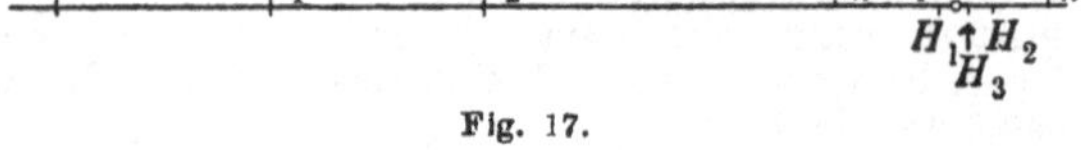


Fig. 17.

Man kann bekanntlich statt des gebräuchlichen dekadischen Systems auch andere Zahlensysteme einführen, z. B. das dyadische System. In diesem braucht man zur Darstellung jeder

Zahl nur die Ziffern 1 und 0. Beispielsweise wäre die Zahl des dekadischen Systems $11 = 1 \cdot 2^3 + 0 \cdot 2^2 + 1 \cdot 2^1 + 1 \cdot 2^0$ im dyadischen System dargestellt durch 1011. An die Stelle der Dezimalbrüche treten im dyadischen System Dualbrüche, wobei, wie im dekadischen System, jede rationale Zahl durch einen abbrechenden oder periodischen Dualbruch dargestellt wird, jede Irrationalzahl durch einen unendlichen, nicht periodischen Dualbruch. Dem Dezimalbruch 0,3 z. B. entspricht der Dualbruch 0,01001 1001 1001 ... Das Verfahren der Fig. 17 liefert nun, wie man sofort erkennt, die Länge von $A_{n-1}P$ als Dualbruch $0, d_1 d_2 d_3 d_4 \ldots$, wobei $d_\nu = 1$ ist, wenn $H_\nu$ links von $P$ liegt, dagegen $d_\nu = 0$, wenn $H_\nu$ rechts von $P$ liegt. Fällt $H_\nu$ auf $P$, dann bricht der Dualbruch mit der Stelle $d_\nu = 1$ ab. In unserer Figur würde der Dualbruch für $A_{n-1}P$ mit 0,100 .... beginnen.

Das Archimedische Axiom (D 1) ordnet in der soeben behandelten Weise jeder Strecke eindeutig eine positive Länge zu; man kann daraus aber nicht schließen, daß auch jede positive (rationale oder irrationale) Zahl als Streckenlänge auftritt.

Führt man die den Festsetzungen a) und b) entsprechenden Bestimmungen für Winkel ein, dann folgen vermöge 28 a die dem vorigen Absatz entsprechenden Tatsachen auch für die Winkelmessung.

**30.** Wir kommen zum zweiten Axiom des Messens, nach dem ersten Absatze von Nr. 28 einer speziellen Form des Cantorschen Axioms:

D 2. Es gibt eine Strecke $A_1B_1$ folgender Art: $A_\nu B_\nu$, $\nu = 2, 3, \ldots$ sei eine Folge von Strecken derart, daß die Endpunkte der $\nu$-ten Strecke in der $(\nu$-$1)$-ten liegen*) und daß es

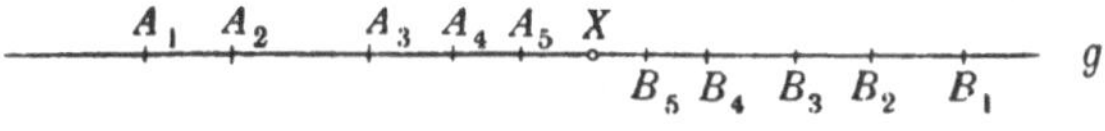


Fig. 18.

keine Strecke gibt, deren Endpunkte in allen Strecken $A_\nu B_\nu$ liegen; dann gibt es einen Punkt, der in allen Strecken $A_\nu B_\nu$ liegt.

*) D. h. nach der 3. Erklärung (Nr. 17): $A_\nu$ sowie $B_\nu$ sind Punkte zwischen $A_{\nu-1}$ und $B_{\nu-1}$.

Axiom D 2 ist ein reines Anordnungsaxiom. Da nach Satz 22 b bei kongruenter Übertragung die „zwischen"-Beziehungen erhalten bleiben, kann man nun aus den Axiomen A—C, D 1 die Tatsache beweisen, die gewöhnlich als „Cantorsches Axiom" bezeichnet wird*):

a) Liegt, Fig. 18, in einer Geraden $g$ eine (unendliche) Folge von Strecken $A_\nu B_\nu$ ($\nu = 1, 2, 3, \ldots$) derart, daß jede Strecke ihre Endpunkte innerhalb der vorhergehenden Strecke hat und daß die Längen der Strecken gegen Null konvergieren, dann gibt es genau einen Punkt $X$, der innerhalb aller dieser Strecken liegt**).

**31.** Der letzte Satz und damit das Axiom D 2 leistet nun das, was nach dem vorletzten Absatz von Nr. 29 durch D 1 noch nicht erreicht werden konnte: nun werden die positiven Zahlen als Längen von Strecken erschöpft. Das ist der Inhalt des Satzes

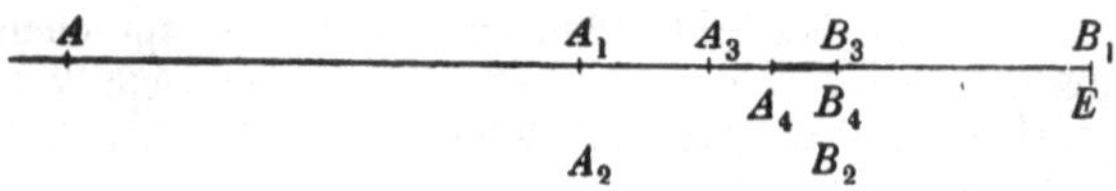


Fig. 19.

a) Fügt man zu D 1 noch D 2 hinzu und schreibt man eine Einheitsstrecke vor, dann sind die Punkte $P_i$ einer von einem Punkt $O$ ausgehenden Halbgeraden den positiven Zahlen umkehrbar eindeutig so zugeordnet, daß die betreffenden Zahlen die Längen der Strecken $OP_i$ angeben.

Dies erkennt man in der folgenden Weise: Es sei eine beliebige Zahl vorgegeben. Für eine ganze Zahl kann man durch wiederholtes Abtragen der Einheitsstrecke von $G$ aus auf der Halbgeraden sofort den zugehörigen Punkt angeben. Ist die Zahl, und das ist der allgemeinste Fall, in der Form eines (endlichen oder unendlichen) Dezimalbruches gegeben, etwa 37,6875 . . ., dann kann man dem Teile links vom Komma in der soeben angegebenen

*) Vgl. die in der Anm. zu Satz 28b genannte Abhandlung.

**) Näheres über das Cantorsche Axiom sowie über (weiter tragende) Stetigkeitsaxiome von Weierstraß und Dedekind findet man in Enriques [4], S. 35ff.

Weise einen Punkt $A$ zuordnen, und es bleibt noch die Bestimmung einer Zusatzstrecke $AX$ mit der Länge 0,6875 ... übrig. Die Länge von $AX$ denken wir uns als Dualbruch $0, d_1 d_2 d_3 d_4 \ldots$ dargestellt, wobei wieder (Nr. 29) jedes $d_\nu$ eine der Ziffern 0 oder 1 ist, und verfahren folgendermaßen (vgl. Fig. 19 für eine Länge 0,1011 ...): Wir halbieren die Einheitsstrecke $AE$, wählen deren linke oder rechte Hälfte, je nachdem $d_1 = 0$ oder $d_1 = 1$ ist, und bezeichnen den linken Endpunkt der gewählten Teilstrecke mit $A_1$, den rechten mit $B_1$; nun halbieren wir diese Teilstrecke und wählen deren linke oder rechte Hälfte, je nachdem $d_2 = 0$ oder $d_2 = 1$ ist, und bezeichnen die neugewählte Strecke mit $A_2 B_2$ usf. In unserer Figur liegen nun alle Punkte von $A_1 B_1$ zwischen 0,1 und 1, die Punkte von $A_2 B_2$ zwischen 0,1 und 0,11, die Punkte von $A_3 B_3$ zwischen 0,101 und 0,110, die Punkte von $A_4 B_4$ zwischen 0,1011 und 0,1100. Allgemein erhält man so eine Reihe von Strecken $A_\nu B_\nu$ so, daß $AA_\nu$ die Länge $0, d_1 d_2 d_3 \ldots d_\nu$ hat und die Strecke $A_\nu B_\nu$ die Länge $(\frac{1}{2})^\nu$. Bricht der Dualbruch mit der $p$-ten Stelle ab, dann ist der Punkt $A_p$ der gesuchte Punkt $X$. Ist der Dualbruch aber unendlich, dann kann man aus der unendlichen Folge von Strecken $A_\nu B_\nu$ eine Folge von Strecken auswählen, die alle Voraussetzungen des Cantorschen Axioms erfüllen*), und der nach Satz 30 a existierende Punkt $X$ liefert die gesuchte Strecke $AX$ mit der vorgeschriebenen Länge.

Hierbei wurde die Tatsache benützt, daß jede Strecke durch fortgesetztes Halbieren kleiner gemacht werden kann als eine beliebig vorgegebene Strecke (vgl. Nr. 29).

Ein wichtiger Zusatz zur Streckenmessung wird noch in den Nrn. 114 und 115 folgen.

**32.** Überträgt man Satz 30 a auf Winkel, dann erhält man folgende Aussage:

**a)** Ist eine unendliche Folge von Winkeln $\sphericalangle(a_\nu, b_\nu)$, $(\nu = 1, 2, 3, \ldots)$ mit gemeinsamem Scheitel $O$ gegeben, derart, daß die Schenkel jedes Winkels innerhalb des vorhergehenden liegen und daß die Größen der Winkel gegen Null konvergieren, dann gibt es genau eine von $O$ ausgehende Halbgerade $x$, die innerhalb aller dieser Winkel liegt. $x$ trennt, wenn die Bezeichnung geeignet gewählt wurde, alle Halbgeraden $a_\nu$ von allen Halbgeraden $b_\nu$.

---

*) Wenn man jeden unendlichen Dualbruch, der auf lauter Ziffern 1 endigt, von Anfang an durch den ihm gleichen endlichen ersetzt hatte.

Ist eine solche unendliche Folge von Winkeln gegeben, dann nimmt man auf $a_1$ einen Punkt $A_1$ an, auf $b_1$ einen Punkt $B_1$ und erkennt mit Berücksichtigung des Satzes 21 a, daß damit auf $A_1B_1$ für die Treffpunkte $A_\nu$ und $B_\nu$ mit den $a_\nu$ und $b_\nu$ die Voraussetzungen des Satzes 30a gegeben sind, und daß daher diese Aussage 32a über die Winkel als Satz gilt.

Es liegt nun nahe, für die Winkelmessung die den Forderungen 29 a und 29 b entsprechenden Festsetzungen zu treffen und eine Winkeleinheit vorzuschreiben, z. B. indem man dem rechten Winkel die Größe $\frac{1}{2}$ beilegt. Dann kann man, wie bei den Strecken der Fig. 19 (Nr. 31), mittels der Dualbrüche zeigen, daß es zu jeder, hier zwischen 0 und 1 liegenden, Winkelgröße Winkel gibt, und durch Umkehrung des Verfahrens, daß jeder Winkel eine zwischen 0 und 1 liegende Größe hat.

**33.** Nachdem man die Winkelgrößen so definiert hat, kann man den Satz beweisen:

a) Die Winkelsumme im Dreiecke kann höchstens zwei Rechte betragen.

Einen Beweis dieses Satzes findet man in Liebmann [8], S. 15. Erinnern wir uns nun des Vierecks, das Saccheri seinen Betrachtungen zugrunde legte (Nr. 7): Die Dreiecke $BAD$ und $ABC$ (Fig. 44, Nr. 76) sind nach dem 1. Kongruenzsatz kongruent, daher gilt $BD \cong AC$. Folglich sind nach dem 3. Kongruenzsatz auch die Dreiecke $BCD$ und $ADC$ kongruent und daher, wie in Nr. 7 erwähnt wurde, $\sphericalangle \gamma = \sphericalangle \delta$. Die Summe der vier Viereckswinkel ist gleich der Summe der Winkel der beiden Dreiecke $ABC$ und $ACD$ und daher nach Satz 33 a höchstens $4\,R$.

Damit ist, in Übereinstimmung mit Saccheri, die Unzulässigkeit der Hypothese des stumpfen Winkels nachgewiesen.

Da man die Zahlen, welche die Streckenlängen darstellen, teilen kann, ist man nach 31 a in der Lage, den Satz von der Teilbarkeit jeder Strecke in $n$ gleiche Teile auszusprechen:

b) Ist $A_0A_n$ irgendeine Strecke, dann gibt es in ihr $n-1$ Punkte $A_1, A_2, A_3, \ldots, A_{n-1}$ derart, daß die Strecken $A_0A_1$, $A_1A_2, A_2A_3, \ldots, A_{n-1}A_n$ kongruent sind.

In entsprechender Weise ergibt sich die Teilbarkeit jedes Winkels in $n$ gleiche Teile*).

## Weitere Sätze über den Kreis.

**34.** Von den weiteren Sätzen, zu denen die Axiomgruppen A—D führen, seien noch die folgenden genannt:

a) Enthält eine Gerade einen Punkt im Innern eines Kreises, dann trifft sie den Kreis, und zwar in genau zwei Punkten.

b) Von jedem Punkte außerhalb eines Kreises gibt es genau zwei Tangenten an den Kreis.

c) Enthält ein Kreis einen inneren und einen äußeren Punkt eines zweiten Kreises, dann schneiden sich die beiden Kreise, und zwar in genau zwei Punkten.

Von dem Satze 34 a sprachen wir schon in Nr. 27 bei Fig. 15. Zu seinem Beweis ist D 2 (oder das Cantorsche Axiom) nötig**). Wir wollen hier den Beweis nicht ganz ausführen, nur kurz andeuten, daß man vom Kreismittelpunkte das Lot auf die Gerade fällt und von dessen Fußpunkt aus den Kreishalbmesser auf der Geraden abträgt. So erhält man einen Punkt außerhalb des Kreises. Durch fortgesetztes Halbieren und durch Anwendung der Sätze 26 h und 26 k gelingt dann der Beweis. In Enriques [5] S. 141/143 ist er so durchgeführt, daß er auf unsere Hilfsmittel übertragen werden kann. Dasselbe gilt vom Beweis unseres Satzes 34 c, ebenda S. 143/145.

Aus 34a folgt 34b: $(K)$ sei der Kreis, $M$ sein Mittelpunkt und $P$ ein Punkt außerhalb von $(K)$. Man zeichne die Strecke $MP$; auf ihr liegt ein Punkt $A$ des Kreises. In $A$ errichte man das Lot auf $MP$. Der Kreis um $M$ durch $P$ enthält $A$ im Innern, schneidet also das Lot; $Q$ sei der Schnittpunkt. Man ziehe die Strecke $MQ$;

*) Damit ist nur ausgesprochen, daß man die Teilpunkte oder Teilgeraden mit jeder vorgeschriebenen Genauigkeit angeben kann, und zwar nach einer Anzahl von Schritten, die von dieser Genauigkeit abhängt: es ist die Existenz der Teilpunkte und -geraden bewiesen. Es ist aber noch nicht entschieden, ob und wie man die Teilung in $n > 2$ Teile mit endlich vielen Konstruktionsschritten theoretisch exakt mittels Zirkels und Lineals durchführen kann. In der Tat ist ja z. B. die Dreiteilung allgemeiner Winkel selbst nach Einführung des Parallelenaxioms in der Euklidischen Geometrie bei Beschränkung auf Lineal und Zirkel als Konstruktionswerkzeuge mit endlich vielen Schritten bekanntlich nicht möglich.

**) Die gegenteilige Behauptung in Weber-Wellstein, „Enzyklopädie der Elementarmathematik", Bd. II, 3. Aufl., 1915, 594 S., auf S. 234, daß man den Beweis führen könne, wenn man von den Stetigkeitsaxiomen nur das Archimedische voraussetzt, ist dort nicht bewiesen und unrichtig.

auf ihr liegt ein Punkt $B$ von $(K)$. Man verbinde $P$ mit $B$. Wegen der Kongruenz der Dreiecke $MBP$ und $MAQ$, die in zwei Seiten und dem eingeschlossenen Winkel bei $M$ übereinstimmen, ist $\sphericalangle B$ wie $\sphericalangle A$ ein Rechter, folglich ist $PB$ eine Tangente an $(K)$.*)

**Rechtwinklige Koordinaten und Vollständigkeitssatz.**

**35.** Der Satz 31a gibt die Möglichkeit, die Punkte der Ebene koordinatenmäßig zu erfassen, und zwar in der folgenden Weise: Man nimmt eine Punktreihe (Gerade) als $X$-Achse an, auf ihr einen Punkt $O$ als Koordinatenanfangspunkt und einen von ihm verschiedenen Einheitspunkt $E$ (Fig. 20). Die von $O$ ausgehende Halbgerade, welche $E$ enthält, nennt man die positive Halbachse, die andere die negative Halbachse. Man nennt eine solche Gerade orientiert.**) Irgendeinem Punkt $A$ der $X$-Achse ordnet man als $x$-Koordinate die mit der Einheit $OE$ gemessene Länge der Strecke $OA$ zu, die man mit dem positiven oder negativen Vorzeichen versieht, je nachdem $A$ auf der positiven oder negativen Halbachse liegt. Nach den Sätzen 18 g und 31 a sind damit den Punkten der $X$-Achse die sämtlichen reellen (positiven und negativen, rationalen und irrationalen) Zahlen als $x$-Koordinaten umkehrbar eindeutig zugeordnet. Die $X$-Achse teilt die Ebene nach Satz 18 h in zwei Halbebenen, die man als positive und negative Halbebene unterscheidet. Hierdurch hat man die Ebene orientiert. Ist nun $P$ ein beliebiger Punkt der Ebene außerhalb der $X$-Achse, dann sucht man den nach Satz 23 e eindeutig bestimmten Fußpunkt $P_x$ seines Lotes auf die $X$-Achse. Die $x$-Koordinate von $P_x$ wählt man auch als $x$-Koordinate für $P$, dazu

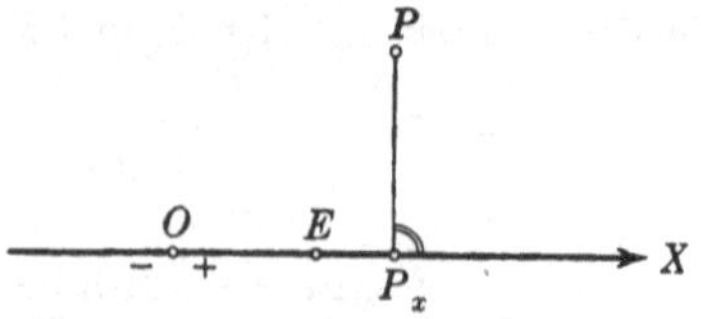

Fig. 20.

*) Diese Konstruktion beschreibt Euklid in seinen Elementen III 17. Es fällt auf, daß er nicht die auf dem Satz des Thales beruhende, ein wenig einfachere, aber nur in der Euklidischen Geometrie gültige Konstruktion bringt.
**) In Fig. 20 ist die Orientierung durch eine Pfeilspitze angedeutet.

als $y$-Koordinate für $P$ die mit der Einheit $OE$ gemessene Länge von $PP_x$, der man das positive oder negative Vorzeichen gibt, je nachdem $P$ in der positiven oder negativen Halbebene liegt. Zu jedem Punkte gehören so eindeutig die Zahlen eines Paares $(x, y)$ als dessen Koordinaten. Aus den Sätzen 31a, 23f und 22a folgt, daß umgekehrt auch zu jedem Paare reeller Koordinaten $(x, y)$ eindeutig ein Punkt gehört*). Nennt man diese Koordinaten rechtwinklige Koordinaten, dann ist damit der wichtige Satz bewiesen:

a) Auf Grund der Axiomgruppen A—D gehört nach Wahl des Koordinatensystems zu jedem Punkte der Ebene umkehrbar eindeutig ein Paar von rechtwinkligen Koordinaten $(x, y)$. Dabei erschöpfen die Punkte alle Paare reeller Zahlen $(x, y)$.

**36.** Wir denken uns nun zwei Menschen 𝔄 und 𝔅, von denen sich jeder ein Bild der aus den Axiomgruppen A—D folgenden Geometrie macht, indem er die Axiome in irgendeiner logisch zulässigen Weise deutet. Nach Nr. 15 können diese Deutungen sehr verschieden sein. Wir fragen nun, ob es möglich ist, daß der eine von beiden, etwa 𝔅, in dem Sinne mehr als 𝔄 denkt, daß er zwar alles das, was 𝔄 Punkt, zwischen, Punktreihe (Gerade), Winkel, kongruent, parallel usw. nennt, ebenso bezeichnet, kurz dessen ganze Deutung verwendet, darüber hinaus aber noch Punkte $\overline{P}_\nu$ denkt, die im Bilde des 𝔄 nicht vorkommen. Man erkennt, daß dies nicht möglich ist: 𝔅 kann zur Deutung des 𝔄 kein Gedankending als Punkt $\overline{P}_\nu$ hinzufügen; denn denken wir uns nach Nr. 35 ein Koordinatensystem im Bilde des 𝔄 eingeführt, dann würde das auch im Bilde des 𝔅 ein Koordinatensystem sein, und nach Satz 35a brauchte 𝔅 auch für jeden seiner neuen Punkte $\overline{P}_\nu$ ein reelles Zahlenpaar als Koordinaten, während nach demselben Satz alle diese Zahlenpaare schon durch die alten Punkte, die auch 𝔄 denkt, erschöpft sind. Was wir soeben bewiesen haben, ist der

Vollständigkeitssatz: Es ist nicht möglich, zu einem System von Punkten, welche die Axiom-

*) Selbstverständlich muß festgesetzt werden, daß für die Punkte der $X$-Achse $y = 0$, für die Punkte der in $O$ auf $X$ senkrechten $Y$-Achse $x = 0$, für den Ursprung $O$ $x = y = 0$ sein soll.

gruppen A—D erfüllen, ein anderes System von Dingen so hinzuzufügen, daß in dem durch Zusammensetzung entstehenden System wieder die Axiomgruppen A—D gelten und daß die Dinge und Beziehungen des ursprünglichen Systems in dem zusammengesetzten System erhalten bleiben.

Die Allgemeinheit der Aussage dieses Satzes ist überraschend. Während die sonstigen geometrischen Sätze von den bei einer Deutung gedachten Dingen, den Punkten und ihren Anordnungen, handeln, liegt hier eine Aussage über diese gedachten Dinge und alle überhaupt denkbaren Dinge vor. In älteren Auflagen von Hilberts „Grundlagen" trat der Vollständigkeitssatz als „Axiom der Vollständigkeit" auf*), in den neueren Auflagen ist er eine Folgerung aus dem „Axiom der linearen Vollständigkeit". Aus jedem dieser beiden Vollständigkeitsaxiome ergibt sich dann die Aussage des Cantorschen Axioms (und damit unser Axiom D 2) als Satz, so daß eine ausdrückliche Stetigkeitsvoraussetzung vermieden wird.

## III. Abschnitt.

## Die Euklidische Geometrie.

### E. Das Euklidische Parallelenaxiom.

**37.** Wir haben im vorhergehenden in den Axiomgruppen A—D ein Axiomensystem der absoluten Geometrie kennengelernt und gewinnen nun nach Nr. 14 die Euklidische Geometrie, indem wir den bisherigen Axiomen als Schlußstein ein dem V. Postulat Euklids äquivalentes Axiom E hinzufügen.

Nach Satz 24 c folgt schon aus den Axiomgruppen A—C die Existenz mindestens einer Parallelen zu jeder Geraden durch jeden nicht auf der Geraden liegenden Punkt. Wir

*) Bedenken gegen dieses Axiom findet man bei R. Baldus, „Zur Axiomatik der Geometrie. I. Über Hilberts Vollständigkeitsaxiom", Math. Ann. 100, 1928, S. 321—333; das oben anschließend erwähnte „Axiom der linearen Vollständigkeit" zerstreut diese Bedenken nicht. Ebenda ist S. 327 auch eine Möglichkeit zur Verschärfung des Vollständigkeitsaxioms angegeben; über diese Möglichkeit gehen die 7. und die späteren Auflagen der „Grundlagen" noch hinaus.

wissen, daß Euklids berühmtes V. Postulat oder jede der ihm nach Nr. 6 äquivalenten Aussagen gleichbedeutend mit der Annahme ist, daß es zu jeder Geraden durch jeden Punkt höchstens eine Parallele gibt; zusammen mit Satz 24c bedeutet das die Existenz von genau einer Parallelen.

Statt zu sagen „$g$ ist eine Gerade, $P$ ein nicht auf ihr liegender Punkt; es gibt durch $P$ genau eine Gerade, welche $g$ nicht trifft", werden wir im folgenden kurz sagen „$P$ verhält sich zu $g$ Euklidisch".

Man kann ein sehr eng gefaßtes Parallelenaxiom aussprechen, wenn man sich auf folgenden wichtigen Satz stützt:

a) Sind die Axiomgruppen A—D erfüllt und verhält sich ein einziger Punkt zu einer einzigen Geraden Euklidisch, dann verhält sich jeder Punkt zu jeder Geraden Euklidisch.

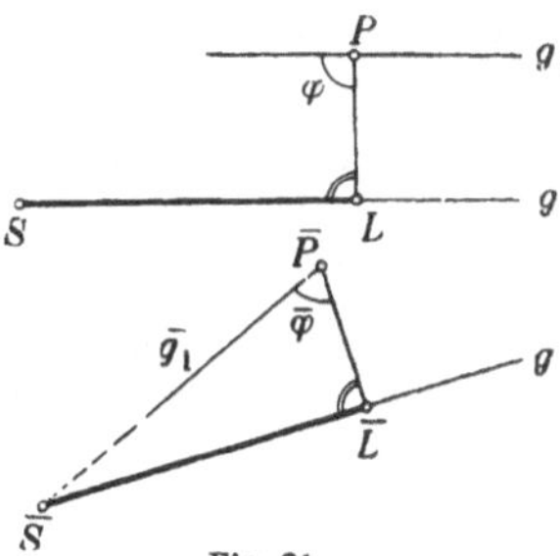


Fig. 21.

Wir gehen beim Beweise dieses Satzes schrittweise vor. $P$ verhalte sich zu $g$ Euklidisch mit der Parallelen $g_1$ (Fig. 21). Man fällt das Lot $PL$ auf $g$ und erkennt,

α) daß sich jeder Punkt der Ebene zu jeder Geraden, die von ihm einen Abstand von der Länge $PL$ hat, Euklidisch verhält.

Denn hat $\bar P$ von $\bar g$ den Abstand $\overline{PL} \equiv PL$, und macht man $\sphericalangle \bar\varphi \equiv \sphericalangle \varphi$, dann ist zunächst $\bar g_1 // \bar g$. Hätte nämlich $\bar g_1$ einen Schnittpunkt $\bar S$ mit $\bar g$, dann könnte man $LS \equiv \bar L\bar S$ machen, und nach dem Axiom C 6 wäre $\sphericalangle LPS \equiv \sphericalangle \bar L\bar P\bar S \equiv \sphericalangle \bar\varphi \equiv \sphericalangle \varphi$, also nach C 4 der Punkt $S$ ein Punkt von $g_1$. Ebenso erkennt man, daß eine von $\bar g_1$ verschiedene Parallele zu $\bar g$ durch $\bar P$ mittels kongruenter Übertragung sofort auf eine von $g_1$ verschiedene Parallele zu $g$ durch $P$ führen würde.

β) Das Lot $PL$ steht auch auf $g_1$ senkrecht, da die Senkrechte zu $PL$ in $P$ nach Satz 24 b parallel zu $g$ ist.

$A$ sei ein Punkt der Strecke $PL$ (Fig. 22), $a$ sei irgendeine Gerade durch $A$, die zu $PL$ nicht senkrecht steht. Dann macht man $\sphericalangle \chi = \sphericalangle \chi_1$ und erhält nach Satz 24 a die parallelen Geraden $a' // a$. Die Gerade $a'$ ist von $g_1$ verschieden, trifft daher $g$ in einem

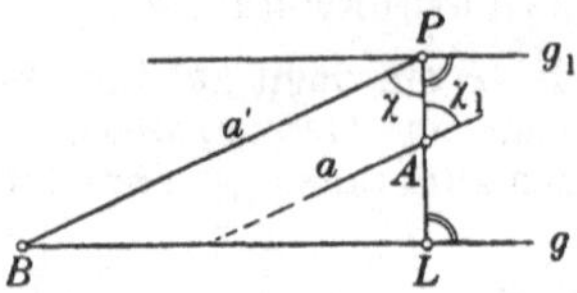


Fig. 22.

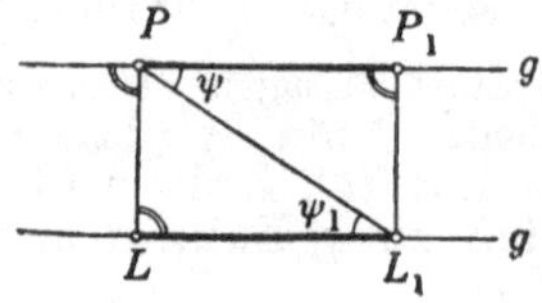


Fig. 23.

Punkte $B$, dann muß aber nach Satz 24 d die Strecke $BL$ von $a$ getroffen werden, $a$ ist nicht parallel zu $g$. Nur das Lot zu $AL$ in $A$ ist demnach parallel zu $g$, $A$ verhält sich zu $g$ Euklidisch. Dann folgt aber sofort mittels der Schlußweise, die wir beim Beweise von $\alpha$) verwendeten,

$\gamma$) daß sich auch jeder Punkt der Ebene zu jeder Geraden Euklidisch verhält, die von ihm einen Abstand hat, der kleiner als $PL$ ist.

$L_1$ sei von $L$ auf $g$ verschieden (Fig. 23). Trägt man an $L_1P$ in $P$ den $\sphericalangle \psi = \sphericalangle \psi_1$ an, dann fällt nach Satz 24 a der andere Schenkel auf die einzige Parallele $g_1$. Nun macht man $PP_1 \equiv LL_1$ und erhält nach dem 1. Kongruenzsatze $\sphericalangle PP_1L_1 = \mathrm{R}$, $P_1L_1 \equiv PL$. Daher verhält sich nach $\alpha$) jeder Punkt von $g$ zu $g_1$ Euklidisch, und wegen $\beta$) gilt auch

$\delta$) $g$ und $g_1$ sind äquidistant; jedes Lot auf einer dieser Geraden steht auch auf der anderen senkrecht.

Nun verlängert man (Fig. 24) $LP$ um $PM \equiv LP$. Dann verhält sich nach $\alpha$) $M$ zu $g_1$ Euklidisch mit der Parallelen $g_2$. Irgendeine zu $PM$ nicht senkrechte Gerade $h$ durch $M$ trifft $g_1$ daher in einem Punkt $N$, und man schließt wieder aus Satz 24 a, daß $\sphericalangle \varphi_1 \equiv \sphericalangle \varphi$ ist. Für das Lot $NQ$ auf $g$ gilt $\delta$) zufolge $NQ \equiv PL \equiv MP$ und $\sphericalangle QNS = \mathrm{R}$. Macht man nun $QT \equiv PN$, dann ist nach dem Axiom C 6 $\sphericalangle PMN \equiv \sphericalangle QNT$ und daher auch $\sphericalangle \varphi_2 \equiv \sphericalangle \varphi_1 \equiv \sphericalangle \varphi$. Folglich sind $\sphericalangle \varphi$ und $\sphericalangle \varphi_2$ Scheitelwinkel, und die Gerade $MN$ trifft $g$ in $T$. Jede zu $LM$ nicht senkrechte Gerade durch $M$ trifft daher $g$, d. h. $M$ verhält sich zu $g$ Euklidisch. Man kann daher die Aussagen $\alpha$) und $\gamma$) jetzt für den Abstand $ML = 2 \cdot PL$ machen. Durch Wiederholung dieser Verdoppelung kann man daher nach dem Archimedischen Axiom den Abstand jedes vorgegebenen Punktes von jeder vorgegebenen Geraden fassen, der Satz 37 a ist bewiesen.

Das Axiom D 2 wurde beim Beweise nicht herangezogen.

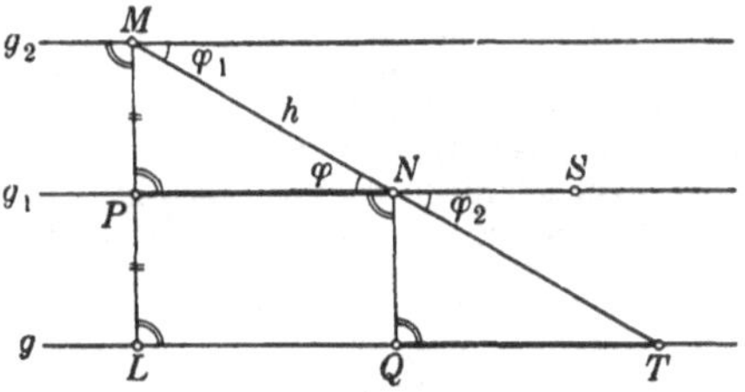


Fig. 24.

**38.** Nun kann man das Parallelenaxiom in folgender Form aussprechen:

E. Das Euklidische Parallelenaxiom: Es gibt eine Punktreihe $a$ und einen ihr nicht angehörenden Punkt $A$ derart, daß höchstens eine Punktreihe, welche $A$ enthält, zu $a$ parallel ist.

Aus dem Satze 24 c ergibt sich jetzt, daß es genau eine Parallele zu $a$ durch $A$ gibt, und aus dem Satze 37 a, daß dies dann für jeden beliebigen Punkt und für jede beliebige, den betreffenden Punkt nicht enthaltende Gerade gilt.

Nunmehr kann man Euklids V. Postulat sowie die ihm äquivalenten Sätze 6 a—f beweisen; weiterhin die Sätze, daß jeder Außenwinkel eines Dreiecks gleich ist der Summe der ihm nicht benachbarten Innenwinkel, daß der Winkel im Halbkreis ein Rechter ist, daß in einem Kreise die Peripheriewinkel über gleichen Bogen gleich sind, vor allem auch die Sätze über die Ähnlichkeit der Figuren, man kann die Lehre von der Verwandlung der Figuren in inhaltsgleiche ableiten und damit die Inhaltslehre gewinnen, desgleichen den Pythagoreischen Lehrsatz, überhaupt den ganzen Rest der Euklidischen Geometrie.

Man kann jetzt auch zeigen, daß alle Punkte einer Geraden in den rechtwinkligen $(x, y)$-Koordinaten von Nr. 35 eine lineare Gleichung in $x$ und $y$ erfüllen; damit erhält man die

Cartesische reelle analytische Geometrie für rechtwinklige Koordinaten.

In den Axiomgruppen A—E liegt eine Lösung der in Nr. 13 gestellten Aufgabe vor, ein vollständiges Axiomensystem der Euklidischen Geometrie anzugeben. Auf die Frage, ob nun wirklich kein Axiom übersehen worden sei, läßt sich antworten, daß man trotz sehr eingehender kritischer Beschäftigung die mit diesen Axiomen in der (modernen) Euklidischen Geometrie durchgeführten Beweise nicht angreifen konnte. Daß trotzdem noch eine axiomatische Lücke in der Euklidischen Geometrie übersehen wurde, ist damit praktisch ausgeschlossen, grundsätzlich unmöglich ist es allerdings nicht; eine derartige, wenn auch äußerst geringe Unsicherheit steckt aber letzten Endes infolge der menschlichen Unvollkommenheit auch im einfachsten mathematischen Beweise.

Die Euklidische Geometrie kann definiert werden als die Gesamtheit aller Sätze, die aus den Axiomen A—E folgen; das ist aber streng genommen erst dann berechtigt, wenn sich nachweisen läßt, daß das System dieser Axiome abgeschlossen ist in dem Sinn, daß kein weiteres Axiom hinzugefügt werden kann, ohne daß ein Widerspruch auftritt.

## IV. Abschnitt.

## Axiomatik der hyperbolischen Geometrie im Einheitskreise.

### Die Axiome A 1—6 und B.

**39.** Der kurze geschichtliche Rückblick in den Nrn. 4—12 hat uns gezeigt, daß die Frage „Wie kann man das Parallelenaxiom beweisen?“ sich allmählich in die Frage verwandelt hat „Kann man das Parallelenaxiom beweisen?“ und daß diese letzte Frage von den Entdeckern der Nichteuklidischen Geometrie verneint worden ist, was sie allerdings noch nicht streng begründen konnten.

Im folgenden werden wir zu der gleichen, nun aber wohlbegründeten Antwort kommen, indem wir, gestützt auf die Euklidische Geometrie, zeigen, daß man die Axiome der Gruppen A—D in einer ganz anderen Weise, als wir es bisher taten, deuten kann (vgl. Nr. 15), und zwar in einer Weise, die das Axiomensystem der absoluten Geometrie nicht im Euklidischen Parallelenaxiom **E**, sondern in einem ihm widersprechenden Axiom fortsetzt. Dabei wird die innere Widerspruchsfreiheit des Nichteuklidischen Axiomensystems auf die des Euklidischen zurückgeführt werden (Nr. 53 u. 54). Die aus dieser Deutung entstehende Nichteuklidische Geometrie wird aus einem später (Nr. 71) zu erörternden Grunde „hyperbolische Geometrie“ genannt. Abkürzend bezeichnen wir weiterhin Euklidisch mit e., hyperbolisch mit h.

**40.** Nach Nr. 38 führen die Axiome der e. Geometrie zur gewöhnlichen analytischen Geometrie mit rechtwinkligen Koordinaten. Deren Elemente setzen wir im folgenden als bekannt voraus, desgleichen die Elemente der projektiven Geometrie. Dabei arbeiten wir, solange wir nicht ausdrücklich auf das Gegenteil aufmerksam machen, nur mit reellen Größen.

Man kennt heute sehr verschiedene Wege in das Gebiet der Nichteuklidischen Geometrie (vgl. Nr. 116—118). So anregend und nützlich der Vergleich dieser verschiedenen Zugänge und das Studium ihrer Zusammenhänge auch wäre, wir müssen uns im folgenden auf einen von ihnen beschränken und wählen einen Weg, der, von der Euklidischen Geometrie ausgehend, über die Elemente der analytischen und der projektiven Geometrie zur Nichteuklidischen Geometrie führt, einen Weg, der bei ihrer Erforschung eine besonders wichtige Rolle gespielt hat und noch spielt.

Wir nehmen in der e. Ebene einen Kreis $(K)$ an, dessen Halbmesser wir, um die späteren Rechnungen zu vereinfachen, die Länge 1 geben, und fassen als Punkte unserer h. Geometrie die e. Punkte im Innern von $(K)$ auf, als h. Gerade (Punktreihen) die e. Sehnen von $(K)$, d. h. die im Innern von $(K)$ liegenden Stücke der Sekanten. Die Punkte des Kreisumfanges werden nicht zu den h. Punkten gezählt. Diesen Kreis $(K)$ bezeichnen wir in naheliegender Weise als „Randkreis“.

Die Beziehung „zwischen“ deuten wir in unserer h. Geometrie genau so, als ob die betreffenden h. Punkte e. Punkte wären. Damit sind dann, wie man ohne weiteres sieht, die Anordnungsaxiome A 1—6 (Nr. 17) und das Dimensionsaxiom B (Nr. 19) erfüllt. Eine h. Strecke ist dann nichts anderes, als die zwischen denselben Endpunkten liegende e. Strecke. Aber, und das ist das wesentliche Neue, wir fassen nicht die e. kongruenten Strecken als h. kongruente Strecken auf, sondern wir werden die h. Kongruenz auf dem aus der analytischen und vor allem aus der projektiven Geometrie bekannten Begriffe des Doppelverhältnisses aufbauen. Das müssen wir tun; denn die h. Bewegungen werden in dieser Deutung — vorausgesetzt, daß sie sich als durchführbar erweist — Transformationen sein, die die Punkte von $(K)$ in ebensolche und die Sehnen von $(K)$ in Sehnen überführen, d. h. Kollineationen, die den Kreis $(K)$ in sich transformieren oder als Ganzes „invariant" lassen. Solchen Transformationen gegenüber ist aber das Doppelverhältnis eine Invariante.

### Hyperbolische Streckenkongruenz. Die Axiome C 1—3.

**41*).** Sind $(x_1, y_1)$, $(x_2, y_2)$, $(x_3, y_3)$, $(x_4, y_4)$ die e. rechtwinkligen Koordinaten von vier verschiedenen Punkten $A_1$, $A_2$, $A_3$, $A_4$ einer Geraden, dann bezeichnet man in bekannter Weise als das Doppelverhältnis $(A_1A_2A_3A_4)$ der vier Punkte die Größe

$$(41,1)\quad (A_1A_2A_3A_4) = \frac{x_3 - x_1}{x_3 - x_2} \cdot \frac{x_4 - x_2}{x_4 - x_1} = \frac{y_3 - y_1}{y_3 - y_2} \cdot \frac{y_4 - y_2}{y_4 - y_1} = \delta\,,$$

wobei einer dieser beiden Ausdrücke unbestimmt werden kann, wenn nämlich die Gerade zu einer Koordinatenachse parallel ist, während der andere dann bestimmt bleibt. Man bestätigt durch Gl. (41, 1) die Richtigkeit der folgenden bekannten Sätze:

a) Das Doppelverhältnis $\delta$ kann die Werte 0, 1, $\infty$ nicht annehmen.

b) $\delta$ ist unabhängig von der Wahl des Koordinatensystems.

c) Schreibt man drei Punkte einer Geraden und eine endliche, von 0 und 1 verschiedene Zahl vor, dann gibt es genau einen Punkt der Geraden, der mit den drei vorgeschriebenen Punkten in

*) Der Inhalt dieser Nummer gehört zu den Elementen der projektiven Geometrie, ebenso der der jeweils kleingedruckten Teile der Nrn. 43, 44, 46, 47, 50.

gegebener Reihenfolge ein Doppelverhältnis $\delta$ gleich dieser Zahl bildet.

d) $\delta$ geht in den reziproken Wert $1 : \delta$ über, wenn man entweder die beiden Punkte des Paares $A_1$, $A_2$ oder die des Paares $A_3$, $A_4$ miteinander vertauscht.

e) $\delta$ bleibt ungeändert, wenn man gleichzeitig $A_1$ mit $A_3$ und $A_2$ mit $A_4$ vertauscht.

**42.** Sind nun $A$, $B$ zwei h. Punkte (Fig. 25)*) und $U$, $V$ die Endpunkte ihrer Verbindungssehne, dann ist nach 41 d

$$(42,1)\quad (BAUV) = \frac{1}{(ABUV)} \text{ und } (ABVU) = \frac{1}{(ABUV)}.$$

Jede Strecke ist sich selbst kongruent, $AB \equiv AB$ (Nr. 20, vorletzter Absatz); nach der 3. Erklärung (Nr. 17) bezeichnen $BA$ und $AB$ dieselbe Strecke, demnach gilt auch $AB \equiv BA$. Daher muß man, wenn man die h. Streckenkongruenz durch das Doppelverhältnis fassen will, wegen der Gln. (42, 1) folgendermaßen definieren:

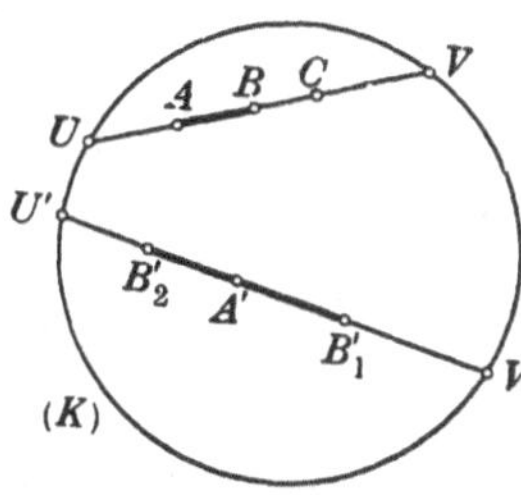

Fig. 25.

Zwei h. Strecken bezeichnet man dann als h. kongruent, wenn die Doppelverhältnisse, die sie mit ihren Sehnenendpunkten bestimmen, gleich oder reziprok sind.

Nun ist es wegen der Gln. (42, 1) für die h. Streckenkongruenz auch gleichgültig, in welcher Reihenfolge man die beiden Sehnenendpunkte wählt.

Vermöge der Definition der h. Streckenkongruenz ist auch das Axiom C 2 (Nr. 20) erfüllt.

**43.** $A$, $B$ seien wieder zwei h. Punkte, $U$, $V$ die zugehörigen Sehnenendpunkte. Das Doppelverhältnis $(ABUV)$ ist nach

*) Hier und in der Folge sind in den Figuren h. kongruente Strecken und Winkel nicht nur als solche durch gleiche Bezeichnungsweise charakterisiert, sondern tatsächlich h. kongruent konstruiert. Damit geben die Figuren gleichzeitig eine Vorstellung davon, wie stark in dieser Deutung die h. Kongruenz von der e. abweichen kann.

Satz 41 b unabhängig vom Koordinatensystem. Legt man für einen Augenblick den Koordinatenanfangspunkt auf $U$, die positive $X$-Achse auf $UV$, dann findet man aus Gl. (41, 1) folgende Sätze:

a) Es ist immer $\delta = (ABUV) > 0$, und zwar $\delta > 1$ oder $\delta < 1$, je nachdem die Richtungen $UV$ und $AB$ gegeneinander laufen oder übereinstimmen.

b) Ist $A$ ein Punkt der Sehne $UV$ und $S$ ein e. Punkt auf einer der Verlängerungen der Sehne, dann ist $(ASUV) < 0$.

Eine h. Strecke $AB$ auf der Sehne $UV$ nennen wir weiterhin „positiv gerichtet" ($BA$ negativ gerichtet), wenn $B$ zwischen $A$ und $U$ liegt. Dann folgt aus 43 a und 41 d ohne weiteres

c) Zu positiv gerichteten h. Strecken gehören Werte $\delta > 1$, zu negativ gerichteten Werte $\delta < 1$. Bei der Umkehrung der Richtung einer Strecke geht $\delta$ in $1:\delta$ über.

Hieraus und aus der Definition der h. Streckenkongruenz ergibt sich nun

d) Sind $AB$ und $A'B'$ zwei h. kongruente Strecken und sind $U$, $V$ die Sehnenendpunkte der ersten Strecke, dann kann man die Sehnenendpunkte der zweiten Strecke immer so mit $U'$ und $V'$ bezeichnen, daß $(ABUV) = (A'B'U'V')$ ist. Die beiden Strecken sind dann gleich gerichtet.

**44.** Gibt man (Fig. 25) die Strecke $AB$ vor, zu der das Doppelverhältnis $\delta$ gehören möge, dazu auf der Sehne $U'V'$ den Punkt $A'$, dann gibt es nach 41 c auf der Geraden $U'V'$ je einen Punkt $B_1'$ und $B_2'$ derart, daß $(A'B_1'U'V') = \delta$ ist und $(A'B'_2U'V') = 1:\delta$. Nach den Sätzen 43 a und b liegen $B_1'$ und $B_2'$ zwischen $U'$ und $V'$, daher sind $A'B_1'$ und $A'B_2'$ h. Strecken und zu $AB$ h. kongruent. Einer der Werte $\delta$, $1:\delta$ ist $> 1$, der andere $< 1$*), demnach liegen nach 43 a die Punkte $B_1'$ und $B_2'$ auf verschiedenen Seiten von $A'$. Damit ist der Satz 22 a und das Axiom **C 1** (Nr. 20) erfüllt.

$AB$ und $BC$ seien gleich gerichtete h. Strecken auf der Sehne $UV$ (Fig. 25), zu $AB$ gehöre das Doppelverhältnis $\delta_1$, zu $BC$ der

*) Der Fall $\delta = 1:\delta$ führt auf den nach 41 a ausgeschlossenen Wert $\delta = +1$, weiterhin auf den Wert $\delta = -1$, d. h. auf die harmonische Lage von vier Punkten, die für uns wegen 43 a vorläufig noch keine Bedeutung hat.

Wert $\delta_2$, zu $AC$ der Wert $\delta_3$. Dann liefert das Erweitern des $\delta_3$ darstellenden Bruches folgende Beziehung:

$$(ACUV)=\frac{AU\cdot CV}{CU\cdot AV}=\frac{AU\cdot BV}{BU\cdot AV}\,\frac{BU\cdot CV}{CU\cdot BV}=(ABUV)(BCUV),$$

d. h.

$$\delta_3=\delta_1\cdot\delta_2. \tag{44, 1}$$

Sind nun die h. kongruenten Strecken des Axioms **C** 3 $AB\equiv A'B'$ und $BC\equiv B'C'$, dann kann man nach Satz 43 d diese vier Strecken gleichrichten, und es ist dann $(ABUV) = (A'B'U'V')$ sowie $(BCUV)=(B'C'U'V')$ und folglich wegen Gl. (44, 1) auch $(ACUV)=(A'C'U'V')$. Mithin erfüllen die h. Strecken auch das Axiom **C** 3 (Nr. 20).

## Die Axiome des Messens.

**45.** Während wir die noch fehlenden Kongruenzaxiome **C** 4—6 erst behandeln können, nachdem wir eine Definition für die h. Winkelkongruenz gegeben haben, ist es uns schon jetzt möglich, die beiden Axiome des Messens zu betrachten. Legt man das Koordinatensystem wieder wie zu Beginn von Nr. 43, dann beweist man leicht den Satz

a) Ist $A_1$ ein Punkt einer positiv gerichteten h. Strecke $AB$, dann ist $(ABUV)>(AA_1UV)>1$.

Wählt man nun eine Reihe h. kongruenter Strecken $AA_1$, $A_1A_2, \ldots$ so, wie sie das Axiom **D** 1 (Archimedisches Axiom) (Nr. 28) voraussetzt, dann kann man sie alle positiv orientieren; daher ist, wenn wieder $U$, $V$ die Endpunkte der zugehörigen Sehne sind, $(AA_1UV)=(A_1A_2UV)=(A_2A_3UV) =\cdots=\delta>1$ und weiterhin nach Gl. (44, 1) $(AA_nUV)=\delta^n$. Nach Satz 45a ist $(ABUV)=\Delta>\delta$, und **D** 1 verlangt jetzt nur, daß man $n$ so groß macht, daß $\delta^n>\Delta$ ist. Da dies immer möglich ist, erfüllen die h. Strecken auch Axiom **D** 1.

Das Axiom **D** 2 (Cantorsches Axiom) (Nr. 30) enthält nur Anordnungsaussagen. Da nach Nr. 40 das h. „zwischen" zugleich das e. „zwischen" ist, folgt aus der e. Erfüllung von **D** 2, daß auch die h. Geometrie dem Axiom **D** 2 genügt.

Eine unmittelbare Folgerung aus Nr. 40 sowie den Sätzen 22 b und 45 a ist der Satz

**b) Zur h. größeren von zwei positiv gerichteten Strecken gehört das größere Doppelverhältnis.**

Im folgenden ist nun noch die Übereinstimmung der h. Geometrie mit den Axiomen C 4—6 (Nr. 21 u. 22) und E (Nr. 38) zu untersuchen. Dazu bedarf es aber noch einiger Vorbereitungen.

### Automorphe Kollineationen des Randkreises.

**46.** Ordnet man in der e. Ebene jedem Punkt $(x, y)$ einen Punkt $(\bar{x}, \bar{y})$ zu (in Zeichen: $\rightarrow$) durch die Gleichungen

$$(46{,}1) \qquad \bar{x} = \frac{a_1 x + b_1 y + c_1}{a_3 x + b_3 y + c_3}, \quad \bar{y} = \frac{a_2 x + b_2 y + c_2}{a_3 x + b_3 y + c_3}, \quad \begin{vmatrix} a_1 & b_1 & c_1 \\ a_2 & b_2 & c_2 \\ a_3 & b_3 & c_3 \end{vmatrix} \neq 0,$$

so hat man damit eine umkehrbar eindeutige Beziehung zwischen den Punkten der Ebene hergestellt, die man als Kollineation bezeichnet. Dieser Name erinnert daran, daß dabei Punkten einer Geraden stets wieder Punkte einer Geraden entsprechen. Nach einem der Hauptsätze der projektiven Geometrie werden die Doppelverhältnisse durch Kollineationen nicht geändert.

**Sind $U$, $V$, $S$, $P$ vier Punkte, von denen keine drei in einer Geraden liegen, ebenso $\bar{U}$, $\bar{V}$, $\bar{S}$, $\bar{P}$, dann ist durch die Zuordnung $U \rightarrow \bar{U}$, $V \rightarrow \bar{V}$, $S \rightarrow \bar{S}$, $P \rightarrow \bar{P}$ genau eine Kollineation bestimmt.**

**47.** Aus der e. Geometrie ist bekannt: Ist $g$ eine Gerade der Ebene und trifft das aus dem Mittelpunkt $M$ des Kreises $(K)$ auf $g$ gefällte Lot $l$ $(K)$ in $A$ und $B$ sowie $g$ in $L$, dann bezeichnet man den mit $L$ zu $A$ und $B$ harmonisch liegenden Punkt $G$ von $l$ als Pol von $g$ in bezug auf $(K)$. Schneidet irgendeine Gerade durch $G$ den Kreis $(K)$ in $A_1$ und $B_1$ sowie $g$ in $L_1$, dann ist $(A_1 B_1 L_1 G) = -1$; auch diese Punkte liegen daher zueinander harmonisch. Trifft $g$ den Kreis nicht, dann liegt $G$ in dessen Innerem, ist $g$ Kreistangente, dann ist $G$ deren Berührungspunkt; enthält $g$ eine Kreissehne, dann ist $G$ der Schnittpunkt der Kreistangenten in den Sehnenendpunkten. $g$ heißt die Polare von $G$ in bezug auf $(K)$.

Führt man nach Desargues (1593—1661) in bekannter Weise „unendlich ferne" oder „uneigentliche" Elemente ein, indem man parallelen Geraden einen gemeinsamen uneigentlichen Punkt beilegt, der Ebene eine uneigentliche Gerade, auf der alle uneigentlichen Punkte liegen*), dann ist der Pol eines Kreisdurchmessers der uneigentliche Punkt der zu ihm senkrechten Geraden, die Polare des Kreismittelpunktes ist die uneigentliche Gerade.

Ist $P$ ein Punkt von $g$, dann geht dessen Polare $p$ durch $G$. Daraus ergibt sich sofort, daß die Polare $s$ des Schnittpunktes $S$ zweier Geraden $g$ und $h$ die Verbindungslinie der Pole $G$ und $H$ der beiden Geraden ist.

**48.** Um zu einer brauchbaren Definition der h. Winkelkongruenz zu gelangen, wollen wir Kollineationen suchen, die jeden Punkt des Randkreises $(K)$ wieder in einen Punkt von $(K)$ überführen, oder, was dasselbe bedeutet, „automorphe Kollineationen des Randkreises $(K)$"; s. den Schluß von Nr. 40. Es gilt nun der folgende wichtige Satz:

a) Sind $A$ und $\bar{A}$ zwei gegebene Punkte innerhalb des Randkreises $(K)$, $U$ und $\bar{U}$ zwei gegebene Punkte auf dessen Umfang, dann gibt es genau zwei automorphe Kollineationen von $(K)$, welche $A$ in $\bar{A}$ und $U$ in $\bar{U}$ überführen**).

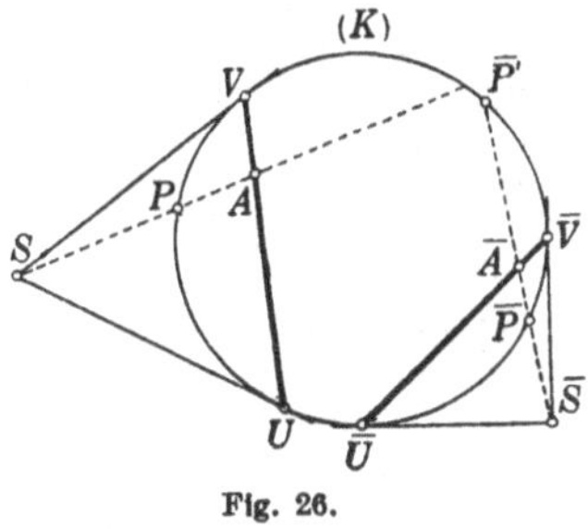

Fig. 26.

Hier ein einfacher Beweis des Satzes (Fig. 26): In den zu suchenden automorphen Kollineationen von $(K)$ sind einander zugeordnete Punkte $A \to \bar{A}$, $U \to \bar{U}$, $V \to V$; daher entsprechen einander auch die Pole von $UV$ und $\overline{UV}$, $S \to S$, und weiterhin gilt entweder $P \to \bar{P}$ oder $P \to \bar{P}'$. Durch die Annahme $U \to \bar{U}$, $V \to \bar{V}$, $S \to \bar{S}$, $P \to \bar{P}$ ist nach dem Schluß von Nr. 46 genau eine Kollineation bestimmt, und diese führt auch $A$ in $\bar{A}$ sowie $(K)$ in sich

*) Die uneigentlichen Elemente erfüllen nicht mehr alle Axiome A—D, wie es ja nach dem Vollständigkeitssatze von Nr. 36 zu erwarten ist. Die Nenner der Gln. (46, 1) liefern, gleich Null gesetzt, die Gleichung der Geraden des $X, Y$-Systems, welche in der betreffenden Kollineation der uneigentlichen Geraden des $X, \bar{Y}$-Systems entspricht.

**) Dabei kann man auch $A$ und $\bar{A}$ zusammenfallend annehmen, ebenso $U$ und $\bar{U}$; tritt beides ein, dann ist eine der beiden Kollineationen die Identität.

über, das letztere, weil es genau einen Kegelschnitt gibt, der zwei gegebene Gerade ($\overline{SU}$ und $\overline{SV}$) in gegebenen Punkten berührt und durch einen weiteren Punkt $\overline{P}$ hindurchgeht, da allgemein ein Kegelschnitt durch fünf Punkte bestimmt ist. Da man statt $\overline{P}$ auch $\overline{P}'$ wählen kann, ist damit der Satz bewiesen.

Durch die erste Kollineation sind die Strahlenbüschel $U(SPA)$ und $\overline{U}(\overline{SPA})$ projektiv aufeinander bezogen; dreht man in Fig. 26 im ersten Büschel einen Strahl im Uhrzeigersinne, dann dreht sich sein projektiv entsprechender im entgegengesetzten Sinne. Bei der zweiten Kollineation sind die Drehsinne gleich. Daher gilt der Satz

b) Sind $A$ und $\overline{A}$ zwei Punkte im Innern von $(K)$, $U$ und $\overline{U}$ zwei Punkte auf dessen Umfang, und bezeichnet man die durch die Sekante $UA$ gebildeten Kreissegmente mit I und II, die durch die Sekante $\overline{U}\overline{A}$ gebildeten mit I' und II', dann führt eine der beiden Kollineationen des Satzes 48a punktweise I in I' über und II in II', die andere I in II' und II in I'.

Man erkennt ohne weiteres die Richtigkeit der Sätze

c) Zu den automorphen Kollineationen des Randkreises $(K)$ gehören die e. Drehungen der Ebene um den Kreismittelpunkt $M$, speziell die e. Spiegelungen an $M$ (Drehungen um zwei Rechte), weiterhin die e. Spiegelungen an den Kreisdurchmessern.

d) Jede automorphe Kollineation von $(K)$ führt jede Strecke in eine zu ihr h. kongruente über.

Die Polareigenschaften bezüglich $(K)$ bleiben, da sie auf Doppelverhältnissen beruhen, bei den automorphen Kollineationen von $(K)$ erhalten.

### Hyperbolische Winkelkongruenz. Die Axiome C 4—6.

**49.** Wir führen nun durch die 9. Erklärung, Nr. 21, auch die h. Winkel ein, wobei wir naturgemäß h. Punkte und h. Halbgerade meinen. Da nach Nr. 40 die h. „zwischen"-Beziehungen auch gelten, wenn man die betreffenden Gebilde e. auffaßt, folgt aus der 9. Erklärung, Nr. 21, daß die h. Punkte, die h. innerhalb eines Winkels liegen, mit den e. Punkten innerhalb

$(K)$ zusammenfallen, die im e. Innern des e. aufgefaßten Winkels liegen. Daher sind die h. Winkel, wenn man sie e. betrachtet, hohle Winkel.

Nach 48 a und d liegt es jetzt nahe, die Winkelkongruenz in der folgenden Weise zu definieren:

Zwei h. Winkel sind dann h. kongruent, wenn sie durch eine automorphe Kollineation von $(K)$ ineinander übergeführt werden können.

Nun betrachten wir das Axiom C 4 (Nr. 21): Gegeben sind (Fig. 27) $h, k, a', O', h'$ und die eine Seite von $a'$. Nach Satz 48 a gibt es genau zwei automorphe Kollineationen von $(K)$, welche $O$ in $O'$ und $U$ in $U'$ überführen, nach Satz 48 b legt genau eine davon $k'$ auf die gegebene Seite von $a'$. Somit ist C 4 erfüllt.

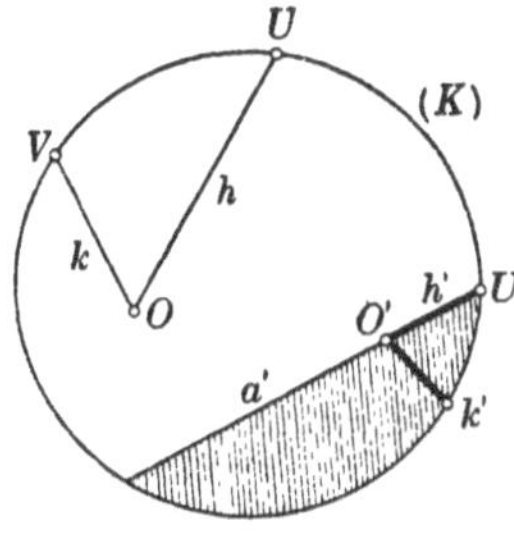


Fig. 27.

**50.** Wir kommen zu C 5 (Nr. 21). Daß $\sphericalangle (h, k) \equiv \sphericalangle (h, k)$ ist, folgt unmittelbar daraus, daß zu den automorphen Kollineationen von $(K)$ auch die Identität gehört (Anm. **) zu Nr. 48). Nach dem ersten Satze der 9. Erklärung (Nr. 21) ist noch zu untersuchen, ob auch $\sphericalangle (h, k) \equiv \sphericalangle (k, h)$ ist; mit anderen Worten: gibt es eine automorphe Kollineation von $(K)$, welche (Fig. 27) $O$ fest läßt und dabei $h$ und $k$ vertauscht?

In einem einfachen Falle kann man eine solche Transformation ohne weiteres angeben, wenn nämlich $O$ der Kreismittelpunkt ist. Legt man dann den Koordinatenanfangspunkt in $O$ und die $X$-Achse parallel zur Sehne $UV$, dann leistet nach 48 c die Spiegelung $\{\mathfrak{S}\}$ an der $Y$-Achse ($x' = -x$. $y' = y$) das Gewünschte. Eine einfache Bemerkung wird uns von hier aus zum allgemeinen Fall übergehen lassen.

Aus der Bilinearität der durch die Gln. (46, 1) vermittelten Kollineationen erkennt man unschwer folgendes: transformiert man die Punkte $x$, $y$ kollinear in die Punkte $x'$, $y'$, diese wieder durch eine neue Kollineation in die Punkte $x''$, $y''$, dann sind auch die Punkte $x$, $y$ auf die Punkte $x''$, $y''$ kollinear bezogen. Weiterhin ist klar, daß $(K)$ in der zuletzt genannten Kollineation in sich übergeht, wenn dies bei den zwei ersten Kollineationen der Fall ist. Das gilt nun offenbar für beliebig viele hintereinander ausgeführte Kollineationen, mit anderen Worten:

a) Man kann das Ergebnis einer Folge automorpher Kollineationen von $(K)$ auch durch eine einzige automorphe Kollineation von $(K)$ erreichen*).

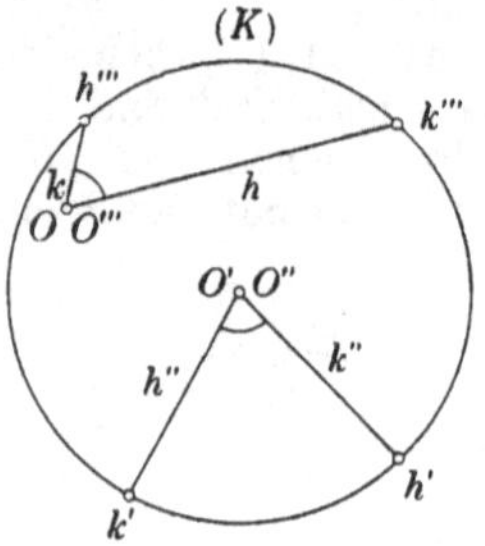


Fig. 28.

Jetzt können wir Axiom **C** 5 auch im allgemeinen Falle behandeln (Fig. 28): Wir wählen eine der beiden automorphen Kollineationen des Satzes 48 a als Transformation $\{\mathfrak{K}\}$, um $O$ und $h$ in $O'$ und $h'$ zu transformieren, wobei wir als Punkt $O'$ den Kreismittelpunkt wählen; dabei geht $k$ in eine Halbgerade $k'$ über. Wie im 2. Absatze von Nr. 50 können wir durch eine Spiegelung $\{\mathfrak{S}\}$ die Radien $h'$ und $k'$ vertauschen, d. h. $O'$, $h'$, $k'$ in $O''$, $h''$, $k''$ verwandeln. Nun transformieren wir wieder vermöge der Umkehrung von $\{\mathfrak{K}\}$ zurück, dann geht $O''$, $h''$, $k''$ in $O$, $k$, $h$ über (weil ja $h''$ und $k''$ nichts anderes sind als $k'$ und $h'$). Durch eine Folge automorpher Kollineationen von $(K)$ haben wir somit $O$, $h$, $k$ in $O$, $k$, $h$ transformiert, dann gibt es aber nach Satz 50 a eine einzige automorphe Kollineation von $(K)$, welche dasselbe leistet. Demnach ist auch **C** 5 erfüllt.

**51.** Nun gehen wir zum Axiom **C** 6 (Nr. 22) über. Wenn wir uns des Satzes 43 d erinnern, dann sagt in der h. Geometrie der Vordersatz des Axioms e. folgendes aus (Fig. 29):

α) es ist $(ABST)=(A'B'S'T')$,

β) es ist $(ACUV)=(A'C'U'V')$,

---

*) Kurz: die automorphen Kollineationen von $(K)$ bilden eine Gruppe. Über die Definition der Gruppe vgl. z. B. L. Baumgartner, „Gruppentheorie", Slg. Göschen, 1921, 120 S., 3. Aufl. 1958, 110 S., insbes. § 5.

$\gamma$) es gibt eine automorphe Kollineation $\{\mathfrak{K}\}$ von $(K)$, welche die Punkte $S$, $A$, $U$ in die Punkte $S'$, $A'$, $U'$ transformiert. Der Nachsatz des Axioms fordert, daß man auch $\sphericalangle B$ in $\sphericalangle B'$ transformieren kann. Durch die Transformation $\{\mathfrak{K}\}$ von $\gamma$) gehen auch $T$ und $V$ in $T'$ und $V'$ über*) und daher wegen der Gleichheit der Doppelverhältnisse in $\alpha$) und $\beta$) auch $B$ und $C$ in $B'$ und $C'$. Demnach wird durch $\{\mathfrak{K}\}$ auch $\sphericalangle ABC$ in $\sphericalangle A'B'C'$ übergeführt und die Forderung des Axioms C 6 ist erfüllt**).

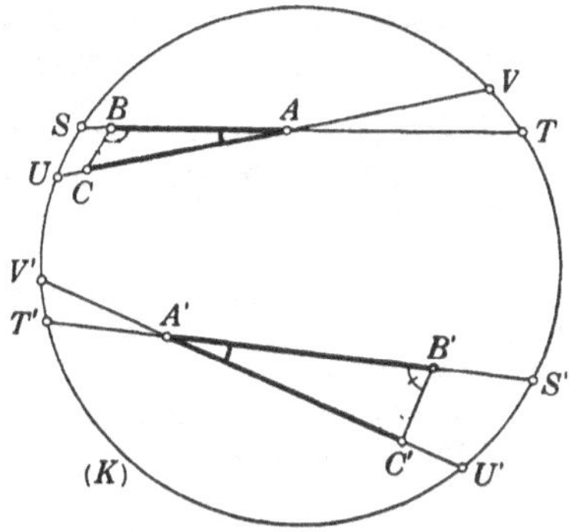

Fig. 29.

**Der Widerspruch mit dem Euklidischen Parallelenaxiom.**

52. Die h. Geometrie erfüllt die Axiome A—D, das ist unser bisheriges Ergebnis. Wir haben noch das Verhalten zum Euklidischen Parallelenaxiom E (Nr. 38) zu prüfen. Würde dieses in der h. Geometrie gelten, dann würde, e. gesprochen, daraus folgen:

a) Es gäbe eine Sehne $g$ des Kreises $(K)$ und einen nicht auf $g$ liegenden Punkt $P$ innerhalb $(K)$ derart, daß es höchstens eine Sehne durch $P$ gibt, welche mit $g$ keinen inneren Punkt gemeinsam hat.

Dieser Satz ist aber nicht richtig, da man sofort eine unendliche Menge von Sehnen durch $P$ angeben kann, welche $g$ nicht schneiden, und zwar in folgender Weise: man greift einen beliebigen Punkt $A$ auf der Verlängerung von $g$ heraus, dann trifft die Gerade $AP$ den Kreis nach Satz 34a in zwei Punkten

*) Erster Absatz des Beweises in Nr. 48.

**) Da $\{\mathfrak{K}\}$ die Strecke $BC$ in die Strecke $B'C'$ transformiert, sind auch diese Strecken h. kongruent, so daß hier der 1. Kongruenzsatz ohne besonderen Beweis als unmittelbare Folgerung aus der Figur 29 zum Axiom C 6 auftritt.

und liefert damit eine Sehne, welche $g$ zufolge Satz 18c nicht schneiden kann, da sich die beiden die Sehnen tragenden Geraden schon außerhalb $(K)$ in $A$ schneiden. Daraus folgt:

Die hyperbolische Geometrie erfüllt alle Axiome der Euklidischen Geometrie mit Ausnahme des Parallelenaxioms; diesem widerspricht sie.

**Widerspruchslosigkeit der hyperbolischen Geometrie.**

**53.** Die h. Geometrie beruht auf einer von der gebräuchlichen abweichenden Deutung der Worte „Punkt", „Punktreihe" („Gerade"), „zwischen", „kongruent", „parallel" usw., die, wie wir nachgewiesen haben, die Axiome A—D formallogisch erfüllt. Diese Deutung läßt sich — eine Tatsache, die wir immer wieder benützt haben — in die Sprache der e. Geometrie übersetzen. Wäre nun das Euklidische Parallelenaxiom mittels der Axiome A—D beweisbar, dann würde seine Aussage als Satz in jeder Geometrie gelten, welche diese Axiome erfüllt, demnach auch in der h. Geometrie; daher müßte in der e. Geometrie die oben gegebene Übersetzung 52a dieser Aussage gelten. Da dies nicht der Fall ist, kann das Euklidische Parallelenaxiom nicht aus A—D beweisbar sein. Zusammengefaßt:

Man kann aus der Euklidischen Geometrie beweisen, daß es nicht möglich ist, die Aussage des Euklidischen Parallelenaxioms aus den übrigen Axiomen der Euklidischen Geometrie als Satz abzuleiten.

**Damit ist, in gedanklichem Anschluß an Nr. 12, die Lösung des uralten Rätsels des Euklidischen Parallelenaxioms gegeben. Sie rechtfertigt Euklid, der in genialer Weise die Notwendigkeit seines V. Postulates gefühlt hat.**

**54.** **Der entscheidende Schluß in der vorigen Nr. war der, daß die Aussage 52a in der e. Geometrie nicht bewiesen werden kann, weil eine ihr widersprechende Aussage beweisbar ist. Wesentlich war dabei die stillschweigende Annahme, daß die e. Geometrie nicht zwei einander widersprechende Sätze liefern kann, daß sie widerspruchsfrei ist. Welche Gewähr hat man dafür?**

Man kann nicht etwa so schließen: „Die e. Geometrie ist durch einen Abstraktionsprozeß, durch eine Verfeinerung aus der physischen Wirklichkeit bis zu idealen Grenzen entstanden (was sich noch deutlich in den in Nr. 2 erwähnten Euklidischen Defn. I, II, IV ausspricht), und da die Wirklichkeit widerspruchslos ist, gilt dasselbe auch für die e. Geometrie." Denn in diesem Abstraktionsprozeß steckt so viel Willkürliches darin, er ist in seinen Einzelheiten so verwickelt*), daß es unmöglich ist, darauf eine derartige Aussage zu stützen, selbst wenn es klar wäre, was die „logische Widerspruchslosigkeit der Wirklichkeit" bedeuten soll.

Einen Weg für die Behandlung der Frage nach der Widerspruchslosigkeit der e. Geometrie zeigt die analytische Geometrie, die uns ein Mittel gibt, jeden e. Beweis, jede e. Aussage rechnend zu verfolgen, so daß ein Widerspruch in der e. Geometrie einen Widerspruch in der Rechnung nach sich ziehen müßte. Das Rechnen in der analytischen Geometrie kann man wieder auf die Arithmetik (das Rechnen mit den positiven, ganzen Zahlen) zurückführen, so daß man aus der Widerspruchslosigkeit der Arithmetik auf die der e. Geometrie schließen kann. Und damit müssen wir uns vorläufig begnügen. Die Widerspruchslosigkeit der Arithmetik ist bisher noch nicht in allgemein anerkannter Weise bewiesen worden; es wird sogar bestritten, daß es überhaupt einen Sinn hat, dies zu versuchen**).

Die naheliegende Frage nach der Widerspruchslosigkeit der h. Geometrie läßt sich nun sofort beantworten. Da sich die Aussagen der h. Geometrie in e. Form kleiden lassen, wie wir es zuletzt beim Euklidischen Parallelenaxiom in Nr. 52 taten, sind alle Sätze der h. Geometrie nichts anderes als Sätze der e. Geometrie***). Daher wäre ein Widerspruch in der h. Geometrie gleichbedeutend mit einem solchen in der e. Geometrie. Nimmt man die soeben besprochene Beziehung der letzteren zur Arithmetik hinzu, dann folgt daraus:

---

*) Vgl. die erste der in Anm. **) zu Nr. 16 genannten Arbeiten von R. Baldus.

**) Näheres enthält z. B. die in Anm. **) zu Nr. 16 zuletzt erwähnte Schrift. Vgl. auch H. Kneser, „Notio und notatio", Jahresber. d. D. M. V. 53, 1943, 2. Abt., S. 9—21, bes. ab S. 17, ferner H. Meschkowski, Wandlungen des mathematischen Denkens, Braunschweig 1960, S. 100ff.

***) Daß sich die Sätze der h. Geometrie in e. Form vielfach nur sehr umständlich aussprechen lassen, ist hier gleichgültig.

Ist die Arithmetik widerspruchslos, dann ist es auch die Euklidische und die hyperbolische Geometrie.

Der Beweis dafür, daß man das Parallelenaxiom nicht entbehren kann, wurde durch die Deutung der übrigen Axiome in einer Geometrie geliefert, die dem Parallelenaxiom widerspricht. Mittels desselben grundsätzlichen Gedankenganges kann man nun auch die Notwendigkeit anderer Axiome nachweisen. Beispiele hierfür findet man in den „Grundlagen", außerdem in Enriques [4] und Schur [12]. Ein näheres Eingehen hierauf kann für uns im Rahmen dieses Büchleins nicht in Frage kommen.

**Das Nichteuklidische Parallelenaxiom E′.**

**55.** Aus den Axiomen A—C folgt vermöge Satz 24c die Existenz mindestens einer Parallelen zu irgendeiner Geraden durch irgendeinen Punkt außerhalb der Geraden. Gibt es weiterhin in einer die Axiome A—D erfüllenden Geometrie durch einen einzigen Punkt zu einer einzigen ihn nicht enthaltenden Geraden mehr als eine Parallele, dann gilt dies nach Satz 37a für alle Punkte und Geraden. Will man die Axiome A—D der absoluten Geometrie durch Hinzufügung eines Nichteuklidischen Parallelenaxioms zu einem Nichteuklidischen Axiomensystem ergänzen, dann erreicht man dies daher durch

Das Nichteuklidische Parallelenaxiom E′: Es gibt eine Punktreihe $g$ und einen Punkt $P$ außerhalb $g$ von der Eigenschaft, daß (mindestens) zwei Punktreihen durch $P$ die Punktreihe $g$ nicht treffen.

Die Aussage dieses Axioms gilt dann für alle Punkte und Geraden.

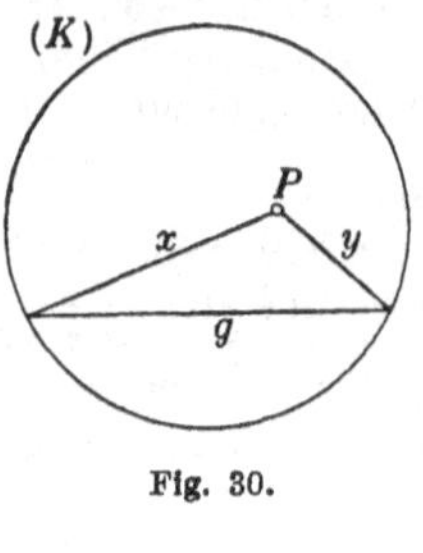


Fig. 30.

**56.** In der h. Geometrie haben wir ein Beispiel einer Geometrie kennengelernt, welche die Axiome A—D, aber nicht das Axiom E erfüllt. An dessen Stelle tritt in der h. Geometrie folgende Aussage, die scheinbar enger ist als das Nichteuklidische Parallelenaxiom E′ (Fig. 30):

a) Ist $g$ irgendeine Gerade und $P$ irgendein Punkt außerhalb $g$, dann gibt es zwei von $P$ ausgehende, nicht auf einer Geraden liegende Halbgerade $x$, $y$ derart, daß von den Geraden durch $P$ jede, welche durch das Innere des $\sphericalangle$ $(x, y)$ läuft, $g$ trifft und jede, welche nicht durch das Innere dieses Winkels läuft, $g$ nicht trifft. $x$ und $y$ treffen $g$ nicht*).

Sagen wir dafür kurz „$P$ verhält sich zu $g$ hyperbolisch“, dann können wir den folgenden wichtigen Satz aussprechen:

b) Aus den Axiomen A—D und E' folgt, daß sich jeder Punkt zu jeder ihn nicht enthaltenden Geraden hyperbolisch verhält.

Dies beweist man in folgender Weise: $P$ sei irgendein Punkt, $g$ eine ihn nicht enthaltende Gerade, $p$ und $q$ seien die beiden Parallelen durch $P$ zu $g$, die nach dem Schluß von Nr. 55 existieren (Fig. 31). Da sich $p$ und $g$ nicht schneiden, liegen alle Punkte von $g$ auf derselben Seite von $p$ (Satz 18 h). Das Entsprechende gilt für $q$ und $g$. Wir zerlegen $p$ in die Halbgeraden $p_1$, $p_2$**) und $q$ in $q_1, q_2$ so, daß $g$ und $p_1$ auf derselben Seite von $q$ sowie $g$ und $q_1$ auf derselben Seite von $p$ liegen. $g$ liegt dann im Innern des $\sphericalangle$ $(p_1, q_1)$ (9. Erklärung, Nr. 21).

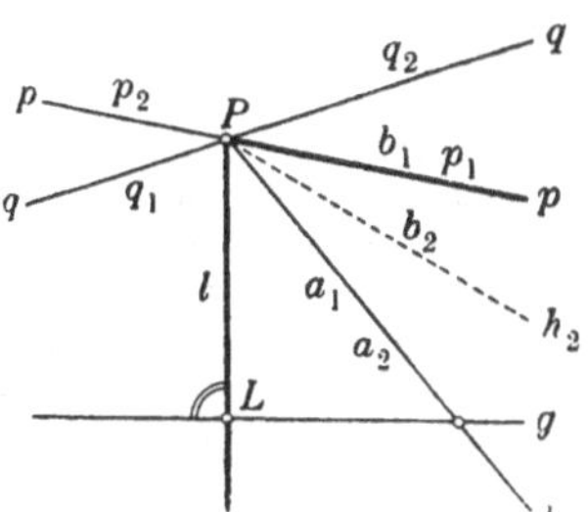

Fig. 31.

Das Lot $l$ aus $P$ auf $g$ trifft $g$ in einem Punkt $L$ (23e) und verläuft deshalb im $\sphericalangle$ $(p_1, q_1)$. Jede von $l$ verschiedene Halbgerade welche $g$ trifft, liegt im $\sphericalangle$ $(p_1, l)$ oder im $\sphericalangle$ $(q_1, l)$.

Wir betrachten zunächst nur die Halbgeraden im $\sphericalangle$ $(p_1, l)$. Trifft die Halbierungslinie $h_1$ dieses Winkels $g$, dann tut dies nach 21 a jede Halbgerade im $\sphericalangle$ $(h_1, l)$. In diesem Falle bezeichnen wir $h_1$ mit $a_1$ und $p_1$ mit $b_1$. Schneidet dagegen $h_1$ die Gerade $g$ nicht, dann gilt dies für alle Halbgeraden im $\sphericalangle$ $(p_1, h_1)$ und wir bezeichnen dann $l$ mit $a_1$ und $h_1$ mit $b_1$. Nun halbiert man den $\sphericalangle$ $(a_1, b_1)$ durch $h_2$ und bezeichnet entweder $\sphericalangle$ $(h_2, b_1)$ oder $\sphericalangle$ $(a_1, h_2)$ als $\sphericalangle$ $(a_2, b_2)$, je nachdem $h_2$ die Gerade $g$ trifft oder nicht. So

*) Schon Saccheri hatte in seinem Lehrsatze XXXII diesen Sachverhalt klargestellt.

**) In diesem Beweise meinen wir hier und weiterhin mit einer Halbgeraden immer eine von $P$ ausgehende Halbgerade.

fährt man nun fort und erhält eine Folge von ineinanderliegenden Winkeln $\sphericalangle (a_\nu, b_\nu)$ mit dem gemeinsamen Scheitel $P$ von der Eigenschaft, daß unter den (von $P$ ausgehenden) Halbgeraden die innerhalb $\sphericalangle (p_1, b_\nu)$ liegenden $g$ nicht treffen, die innerhalb $\sphericalangle (l, a_\nu)$ liegenden $g$ treffen.

Das Verfahren bricht ab, wenn eine Halbierende $h_{\nu+1}$ die $g$ treffenden Halbgeraden von den nicht treffenden im $\sphericalangle (a_\nu, b_\nu)$ trennt; dann bezeichnen wir $h_{\nu+1}$ mit $x$.

Tritt dies nicht ein, dann sind die Voraussetzungen von Satz 32a erfüllt, und die nach diesem existierende Halbgerade $x$ trennt im $\sphericalangle (p_1, l)$ die $g$ schneidenden Halbgeraden von den nicht schneidenden. Ebenso findet man im $\sphericalangle (q_1, l)$ eine Halbgerade $y$. $x$ und $y$ können nicht auf derselben Geraden liegen, weil sie beide im $\sphericalangle (p_1, q_1)$ verlaufen oder auf dessen Schenkel fallen.

Damit ist der oben ausgesprochene Satz bewiesen, bis auf seine letzte Aussage, daß $x$ und $y$ die Gerade $g$ nicht schneiden. Würde etwa $x$ die Gerade $g$ in $X$ treffen, dann könnte man einen Punkt $S$ auf $g$ so annehmen, daß $X$ Punkt der Strecke $LS$ wäre (Satz 18e) und erhielte dann eine Halbgerade $PS$, welche im $\sphericalangle (p_1, x)$ liegend $g$ treffen würde, was dem soeben bewiesenen Teile des Satzes widerspräche.

Außerdem sind $x$ und $y$ zum Lot $l$ symmetrisch; das folgt ohne weiteres daraus, daß andernfalls die Spiegelung der einen Seite am Lot (durch kongruente Übertragung) auf der anderen Seite zu einem Widerspruch führen würde.

## Einzigartigkeit der hyperbolischen Geometrie.

**57.** Setzt man die Axiome A—D voraus, dann gibt es zu irgendeiner Geraden durch irgendeinen, nicht auf ihr liegenden Punkt mindestens eine Parallele, und zwar, je nachdem man das Axiom E oder E′ hinzufügt, genau eine oder mehr als eine. Wegen der vollständigen Disjunktion in dieser Aussage über die Parallelen gibt es daher keine anderen Fortsetzungen des Systems der Axiome A—D der absoluten Geometrie als in den beiden genannten Parallelenaxiomen.

Das Axiom E liefert die Euklidische Geometrie; aus dem Axiom E′ folgt der Satz 56b. Bezeichnet man — nunmehr unabhängig von der Deutung innerhalb ($K$) — als h. Geometrie diejenige Geometrie, welche die Axiome A—D erfüllt und in der sich jeder Punkt zu jeder ihn nicht enthaltenden Geraden h. verhält, so kann man daher den Satz aussprechen:

Das System der Axiome A—D kann nur im Euklidischen Parallelenaxiom E oder im Nichteuklidischen Parallelenaxiom E′ fortgesetzt werden; im ersten Fall erhält man die Euklidische Geometrie, im zweiten die hyperbolische. Das Axiomensystem wird dadurch in jedem Fall abgeschlossen.

Daß sich das System der Axiome A — E′ innerhalb eines Randkreises deuten läßt, haben wir im vorliegenden Abschnitt gezeigt. Daß diese Deutung nicht etwa als zu eng erweitert werden kann, das folgt aus dem Vollständigkeitssatze von Nr. 36.

Eine wichtige grundsätzliche Bemerkung über diese Deutung des Axiomensystems der h. Geometrie wird noch in Nr. 116 folgen.

## V. Abschnitt.

## Die hyperbolische Geometrie als selbständige Disziplin.

### Vorbemerkungen.

**58.** Ein Problem der Euklidischen Axiomatik, die Frage nach der Beweisbarkeit des Euklidischen Parallelenaxioms, hat zur Entdeckung der hyperbolischen Geometrie geführt. In den Überlegungen des vorhergehenden Abschnittes haben wir die h. Geometrie nur so weit entwickelt, als es zur Beantwortung dieser Frage nötig war. Dabei wurde die Erkenntnis gewonnen, daß nach Nr. 57 die h. Geometrie die einzige Nichteuklidische Geometrie ist in dem Sinne, daß sie die einzige Geometrie ist, die neben einem dem Euklidischen Parallelenaxiom widersprechenden Axiom E′ alle übrigen Axiome A—D der Euklidischen Geometrie erfüllt. Diese Tatsache legt den Gedanken nahe, die der h. Geometrie eigentümlichen Sätze näher zu untersuchen, das sind diejenigen Sätze, welche wesentlich vom Nichteuklidischen Parallelenaxiom E′ abhängen. Wir wollen dies im folgenden tun.

Dabei behalten wir fernerhin die bisherige Deutung der h. Geometrie im Randkreise $(K)$ mit dem Mittelpunkt $M$ bei und bezeichnen diese Deutung mit $\{\mathfrak{D}\}$.*)

Da die absolute Geometrie der gemeinsame Unterbau der e. und der h. Geometrie ist, können die Sätze des II. Abschnittes als Sätze der h. Geometrie bei der Ableitung weiterer h. Sätze vorausgesetzt werden.

Die in Nr. 48 behandelten automorphen Kollineationen von $(K)$ lassen die h. Größen der Strecken und Winkel unverändert; es liegt demnach nahe, sie in Übereinstimmung mit dem in Nr. 22 Gesagten kürzer als „h. Bewegungen" zu bezeichnen und z. B. davon zu sprechen, daß man durch eine h. Bewegung einen Winkel mit seinem Scheitel auf $M$ legt. Letzten Endes greift man dabei immer wieder auf die durch die Axiome C gewährleisteten kongruenten Übertragungen von Strecken und Winkeln zurück. (Vgl. den Schluß von Nr. 40, ferner die Nrn. 42, 44, Satz 48d und die Nrn. 49 bis 51).

**59.** Im folgenden werden wir viele Tatsachen der h. Geometrie mittels eines einheitlichen, einfachen Gedankens ableiten, den man als „Prinzip der speziellen Lage" bezeichnen kann: Man denkt sich die zu untersuchende h. Figur $\{\mathfrak{F}\}$ durch eine h. Bewegung so zu $M$ gelegt, daß sie in der neuen Lage $\{\mathfrak{F}\}'$ eine einfache e. Bedeutung hat und die Übersetzung vom Hyperbolischen ins Euklidische und umgekehrt besonders leicht wird. Gelingt es nun, aus bekannten e. Sätzen einen h. Satz für $\{\mathfrak{F}\}'$ abzuleiten, der nur h. Beziehungen enthält, die durch h. Bewegungen nicht zerstört werden, dann gilt der so bewiesene h. Satz auch für die ursprüngliche Figur $\{\mathfrak{F}\}$. Der Anwendung dieses Prinzips wollen wir zunächst durch Ableitung einiger Hilfssätze vorarbeiten.

---

*) Zur Ergänzung sei hingewiesen auf die Arbeiten von M. Großmann, Die fundamentalen Konstruktionen der nichteuklidischen Geometrie. Beilage zum Programm der thurgauischen Kantonsschule auf das Jahr 1903/04. Frauenfeld, Huber & Co., und Projektive Konstruktionen in der nichteuklidischen Geometrie. Math. Ann. 68 (1910), ferner auf das Buch von K. Kommerell, Vorlesungen über analytische Geometrie der Ebene, 2. Aufl. Leipzig 1949, S. 189ff, sowie auf Klein [7] und Lingenberg [9].

**Hyperbolische Gebilde in spezieller Lage zum Randkreise.**

**60.** $d$ sei ein Durchmesser von $(K)$, $c_1$ und $c_2$ seien die beiden Hälften einer zu $d$ e. senkrechten Sehne, Fig. 32*) Nr. 62. Die Spiegelung der Ebene an $d$ zeigt vermöge Satz 48c, daß $\sphericalangle(c_1, d)$ und $\sphericalangle(c_2, d)$ auch h. kongruent und folglich nach der 11. Erklärung (Nr. 23) rechte Winkel sind. D. h.

a) Geht der eine Schenkel eines h. (e.) rechten Winkels durch $M$, dann ist der Winkel auch e. (h.) ein rechter**).

Wir bezeichnen weiterhin solche rechte Winkel als „absolut rechte Winkel", in naheliegender Analogie zur Bezeichnung des den beiden Geometrien gemeinsamen Teiles als absoluter Geometrie.

Trägt man auf den beiden Halbsehnen $c_1$ und $c_2$ vom Sehnenmittelpunkt aus zwei e. gleiche Strecken ab, dann sind diese, wie man wieder durch die e. Spiegelung an $d$ erkennt, auch h. kongruent, daher ist die e. Spiegelung an $d$ gleichzeitig auch eine h. Spiegelung an $d$; wir können daher von einer „absoluten Spiegelung" sprechen. Und weiterhin ergibt sich ohne weiteres der Satz

b) Zwei Strecken oder Winkel, die absolut spiegelbildlich zu einem Durchmesser von $(K)$ liegen, sind absolut (d. h. e. und h.) kongruent.

Satz a) war ein Spezialfall hiervon. Weitere Spezialfälle sind die Sätze

c) h. (e.) kongruente Strecken mit dem gemeinsamen Endpunkt $M$ sind auch e. (h.) kongruent.

d) h. (e.) kongruente Winkel mit dem gemeinsamen Scheitel $M$ sind auch e. (h.) kongruent.

e) Geht die h. (e.) Halbierungslinie eines Winkels durch $M$, dann ist sie auch dessen e. (h.) Halbierungslinie.

Ebenso erkennt man aus den e. Spiegelungen an $M$ zufolge Satz 48c den Satz

f) Liegen zwei Strecken oder Winkel absolut symmetrisch zu $M$, dann sind sie absolut kongruent.

*) Doppelbogen in den Figuren bezeichnen auch weiterhin e. rechte Winkel.

**) In den Sätzen dieser und der folgenden Nummer heißt e. immer soviel wie „e. und innerhalb $(K)$ liegend".

Mittels des Prinzips der speziellen Lage erkennen wir nun unmittelbar die Gültigkeit des folgenden Satzes auch in der h. Geometrie:

g) Die Aufeinanderfolge zweier Spiegelungen an zueinander senkrechten Achsen ergibt die Spiegelung an deren Schnittpunkt*).

**61.** Nach Nr. 32 ist in der Winkelmetrik die Einheit beliebig. Als einfaches Beispiel wurde dort für den rechten Winkel die Größe $\frac{1}{2}$ gewählt. Da es in der e. Geometrie aus bekannten Gründen rechnerisch vorteilhaft ist, dem rechten Winkel die Größe $\frac{1}{2}\pi$ beizulegen, wollen wir dies weiterhin auch in der h. Geometrie tun (so daß alle Winkelgrößen zwischen 0 und $\pi$ liegen). Dann folgt aus Satz 60d sofort der Satz

a) Winkel mit dem Scheitel $M$ haben e. und h. dieselbe Größe.

Aus Satz 60c ergibt sich die Aussage

b) Legt man durch eine h. Bewegung einen h. Kreis mit seinem Mittelpunkt auf $M$, dann wird er ein e. Kreis mit dem Mittelpunkt $M$.

Und aus Satz 60b folgt

c) Legt man durch eine h. Bewegung ein h. reguläres $n$-Eck mit dem Mittelpunkte seines Inkreises auf $M$, dann wird es ein e. reguläres $n$-Eck mit dem Mittelpunkt $M$.

Damit haben wir die Hilfsmittel für die Anwendung des Prinzips der speziellen Lage bereitgestellt, das uns nicht nur in die Lage versetzen wird, die Deutung $\{\mathfrak{D}\}$ genau kennenzulernen, sondern darüber hinaus die Haupttatsachen der h. Geometrie auf einfachste, auch dem Euklidisch Eingestellten leichtverständliche Weise abzuleiten.

### Orthogonalität.

**62.** Die beiden h. senkrechten Geraden $c_1$ und $d$ der Fig. 32 haben die Eigenschaft, daß jede von ihnen verlängert durch

*) Die Spiegelungen spielen eine wichtige Rolle in der absoluten Geometrie; auf sie lassen sich alle Bewegungen und Umlegungen zurückführen. Vgl. F. Bachmann, Aufbau der Geometrie aus dem Spiegelungsbegriff. Berlin-Göttingen-Heidelberg 1959.

den zu $(K)$ gehörenden Pol (Nr. 47) der anderen hindurchgeht. Hat man irgend zwei andere h. zueinander senkrechte Gerade $a$ und $b$, dann kann man durch eine h. Bewegung nach Axiom C 4 den rechten $\sphericalangle (c_1, d)$ auf einen der vier von den Geraden $a$, $b$ gebildeten h. rechten Winkel legen, wobei die Polareigenschaften erhalten bleiben, d. h.

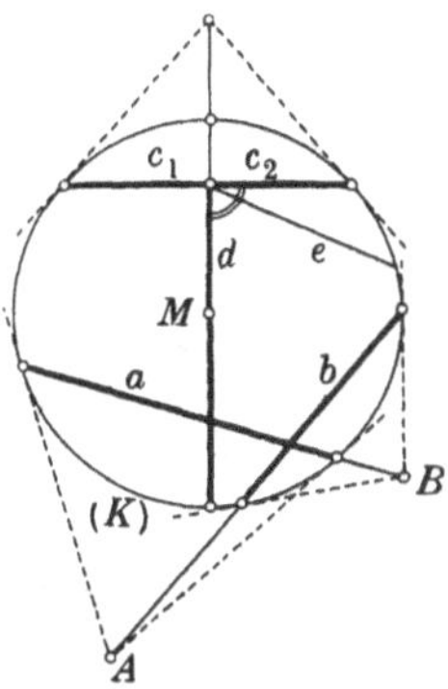

Fig. 32.

a) Zwei h. Gerade $a$, $b$ stehen in der Deutung $\{\mathfrak{D}\}$ dann aufeinander h. senkrecht, wenn, e. gesprochen, jede von ihnen verlängert durch den zu $(K)$ gehörenden Pol der anderen hindurchgeht. Dies tritt ein, wenn eine der beiden Geraden den Pol der anderen enthält.

Auf den durch $A$ laufenden Sekanten der Fig. 32 liegen daher die Sehnen, welche h. die zu $a$ senkrechten Geraden darstellen. Die Richtigkeit der Sätze 23 e und f für die h. Geometrie erkennt man so neuerdings, hier durch unmittelbares Ablesen aus der Figur.

## Parallele Gerade.

**63.** In unserer Deutung $\{\mathfrak{D}\}$ der h. Geometrie schneiden sich zwei h. Gerade nicht, sie sind h. parallel, wenn die sie darstellenden e. Kreissehnen einen Punkt von $(K)$ oder keinen Punkt gemeinsam haben. Wir wollen die beiden h. Geraden im ersten Falle „randparallel" nennen, im zweiten Fall „überparallel"*). Auch zwei h. Halbgerade, die sich auf $(K)$ treffen, nennen wir randparallel**).

*) Die Bezeichnungen liegen nahe, da man die e. Punkte des Randkreises $(K)$ auch als „Randpunkte" der h. Ebene bezeichnet, die e. Punkte außerhalb $(K)$ nach Liebmann [8] als „Überpunkte". Die e. Geraden, auf denen die betreffenden h. Geraden liegen, haben im ersten Fall einen Randpunkt, im zweiten einen Überpunkt gemeinsam, der auch ein e. uneigentlicher (unendlich ferner) Punkt sein kann. Man sagt auch, die Punkte außerhalb von $(K)$ und auf $(K)$ stellen „uneigentliche" oder „ideale" Punkte der Nichteuklidischen Ebene dar, die Punkte auf $(K)$ speziell ihre unendlich fernen Punkte, was in Nr. 71 begründet wird; entsprechendes gilt für die Geraden.

**) Nach Hilbert sagt man in diesem Fall auch: die beiden Halbgeraden haben ein „Ende" gemeinsam.

Ist nun eine h. Gerade $g$ und ein nicht auf ihr liegender h. Punkt $P$ gegeben (Fig. 33), dann gibt es durch $P$ die zwei zu $g$ randparallelen Halbgeraden $x$ und $y$, welche nach Satz 56a im Geradenbüschel mit dem Scheitel $P$ die $g$ schneidenden von den $g$ nicht schneidenden Geraden trennen.

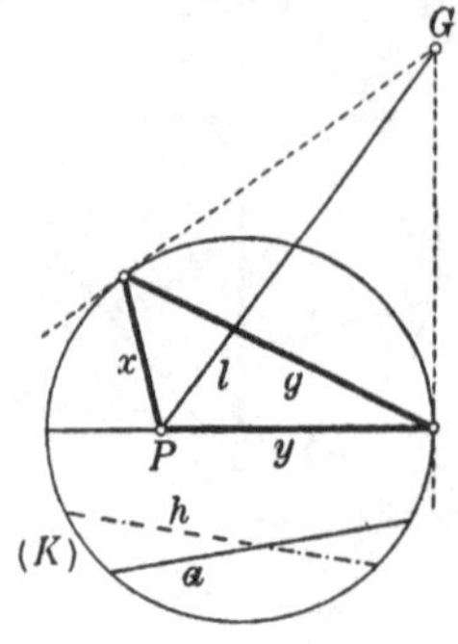

Fig. 33.

Nun ergibt sich ohne weiteres, daß zwei Halbgerade, welche zu einer dritten randparallel sind, auch untereinander randparallel sind. Sagen wir von jeder Halbgeraden, sie sei zu sich selbst randparallel, so wird der Randparallelismus — wie der e. Parallelismus — eine reflexive, symmetrische und transitive Beziehung (vgl. Nr. 20 u. 23); damit wird eine „Äquivalenz oder Gleichheit" definiert — wie in der e. Geometrie für den so geschaffenen Begriff der Richtung — hier für den Begriff des Endes: e. parallele Gerade „haben gleiche Richtung", h. randparallele Halbgerade „haben dasselbe Ende".

In Nr. 6 hatten wir Sätze der e. Geometrie kennengelernt, die, als dem e. Parallelenaxiom äquivalent, in der h. Geometrie nicht erfüllt sein können. Für 6 a ist das ohne weiteres klar: die Gerade $a$ der Fig. 33 z. B. trifft $h$, aber nicht die zu $h$ parallele Gerade $g$.

Vielfach, so von Gauß und Lobatschefskij, wird die Bezeichnung „parallel" den randparallelen Geraden vorbehalten. Dies setzt voraus, daß in der absoluten Geometrie an die Stelle der 12. Erklärung (Nr. 24) eine andere tritt. Die Überparallelen werden dann z. B. als „divergierende Gerade" eingeführt. J. Bolyai nennt randparallele Gerade „asymptotisch"; die Begründung für diese treffende Ausdrucksweise folgt später (in Nr. 73).

In Fig. 32 (Nr. 62) gibt es, h. gesprochen, durch keinen Punkt von $b$ eine Gerade, welche beide Schenkel des spitzen $\sphericalangle\ (d, e)$ trifft, in erwartetem Widerspruch mit dem e. Satze 6 b.

**64.** Aus Nr. 47 und dem Satze 62a folgen nun ohne weiteres die beiden Sätze

a) In der h. Geometrie gibt es zu zwei Geraden, die sich schneiden oder die zueinander randparallel sind, kein gemeinsames Lot.

b) In der h. Geometrie haben zwei Überparallele genau ein gemeinsames Lot.

Das gemeinsame Lot dieses Satzes b) ist in der Deutung {𝔇} die Polare des außerhalb $(K)$ liegenden, e. eigentlichen oder uneigentlichen Schnittpunktes der verlängerten Geraden. In der Fig. 32 (Nr. 62) steht $c_1$ auf $d$ h. senkrecht, $a$ nicht, und doch haben $a$ und $c_1$, beliebig verlängert, keinen h. Schnittpunkt (vgl. Nr. 7, letzter Absatz).

Eine unmittelbare Folge aus den Sätzen a) und b) ist der Satz

c) In der h. Geometrie sind die Lote in zwei Punkten einer Geraden zueinander überparallel.

Bezeichnet man in der h. Geometrie den Mittelpunkt des gemeinsamen Lotes zweier Überparallelen als deren „Symmetriepunkt“, dann folgen aus dem Beweise des Satzes 24a und aus dem Satze 64b ohne weiteres die Sätze

d) Werden in der h. Geometrie zwei Gerade von einer dritten unter gleichen Wechselwinkeln geschnitten, dann sind die beiden ersten Geraden zueinander überparallel, und das Stück der dritten Geraden zwischen den beiden ersten wird von deren Symmetriepunkt halbiert.

e) In der h. Geometrie trifft jede Gerade durch den Symmetriepunkt zweier Überparallelen, welche eine der beiden Überparallelen trifft, auch die andere, und beide unter gleichen Wechselwinkeln.

Aus der Definition des Symmetriepunktes und den Sätzen 60a und c folgt

f) Legt man in der Deutung {𝔇} zwei Überparallele durch eine h. Bewegung mit ihrem Symmetriepunkt auf $M$, dann werden sie e. parallel, und $M$ liegt auf ihrer e. Mittelparallelen.

### Abstandslinien.

**65.** Es soll nun die Frage entschieden werden, ob die zu einer Geraden äquidistanten Punkte in der h. Geometrie ebenso wie in der e. auf zwei Geraden liegen. Wir wenden wieder das Prinzip der speziellen Lage an, indem wir die Gerade durch eine h. Bewegung mit einem ihrer Punkte auf $M$ legen. Sie möge dabei die Lage $d$ annehmen, Fig. 34. Nun suchen wir die h. Punkte, welche von $d$ h. konstanten senkrechten Abstand haben. Die h. Lote zu $d$ stehen nach Satz 60a auch e. auf $d$ senkrecht. Nach Satz 60b liefert jeder Punkt des vorgeschriebenen h. Abstandes von $d$ einen bezüglich $d$ absolut symmetrischen Punkt der gleichen Eigenschaft. $P_1$, $P_2$ seien diese beiden Punkte auf dem zu $d$ senkrechten Kreisdurchmesser. Sollen nun die h. Strecken $MP_1$ und $NQ_1$ kongruent sein, dann müssen die zugehörigen Doppelverhältnisse gleich sein. Deren Werte berechnet man, wenn $a$, $s$, $l$ die e. Längen von $MP_1$, $NU$, $NQ_1$ sind, leicht nach Gl. (41, 1), und man erhält, da $(K)$ den Radius 1 hat,

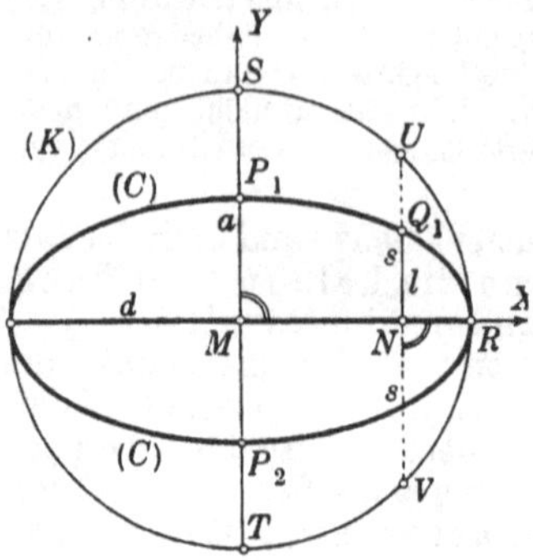

Fig. 34.

$$(65,1)\qquad (MP_1ST) = (1+a):(1-a) \\ = (NQ_1UV) = (s+l):(s-l).$$

Zwischen den e. Koordinaten $x$ und $y$ von $Q_1$ besteht demnach die Gleichung

$$(1-a)\left(\sqrt{1-x^2}+y\right) = (1+a)\left(\sqrt{1-x^2}-y\right)$$

oder

$$x^2 + \frac{y^2}{a^2} - 1 = 0.$$

Das ist eine e. Ellipse $(C)$ mit der großen Achse $d$ und der kleinen Achse $P_1P_2$. Die Punkte, welche von $d$ denselben h. Abstand wie $P_1$ haben und auf der Seite dieses Punktes liegen, bilden die obere Halbellipse, die Punkte auf der anderen Seite von $d$ die untere Halbellipse*). In der h. Geometrie liegen dem-

*) Die Endpunkte der großen Ellipsenachse treten unter diesen Punkten nicht auf.

nach die auf einer Seite einer Geraden von dieser gleich weit entfernten Punkte **nicht selbst wieder auf einer Geraden**, im Gegensatz zu der Aussage 6c in der e. Geometrie*).

Jede der beiden durch $d$ getrennten Hälften von $(C)$ bezeichnet man in der h. Geometrie, da alle ihre Punkte gleiche senkrechte Abstände von $d$ haben, als eine zu $d$ gehörende „**Abstandslinie**". $d$ heißt ihre Mittellinie oder Achse, der konstante Abstand ihr Halbmesser.

Ist $g$ eine h. Gerade, $(E)$ die Kurve der Punkte, welche von $g$ einen gegebenen senkrechten Abstand haben, dann denken wir uns zunächst wieder $g$ samt $(E)$ so bewegt, daß in Fig. 34 $g$ auf $d$, $(E)$ auf $(C)$ fällt. Legt man nun nach Satz 48a durch eine neue h. Bewegung $M$ auf $N$, während $R$ fest bleibt, dann fällt dabei jeder Punkt von $d$ wieder auf einen Punkt von $d$ und jeder Punkt von $(C)$ nach der Definition dieser Kurve wieder auf einen Punkt von $(C)$, z. B. $P_1$ oder $P_2$ auf $Q_1$, folglich auch die Tangente in einem der beiden ersten Punkte auf die Tangente in $Q_1$**). Da nun die Tangenten in $P_1$ und $P_2$ auf $P_1MP_2$ (absolut) senkrecht stehen, folgt daraus

a) **Ist in der h. Geometrie $(E)$ eine zu einer Geraden $g$ gehörende Abstandslinie, dann steht die Tangente in irgendeinem Punkte $P$ von $(E)$ auf dem Lote senkrecht, das man aus $P$ auf $g$ fällen kann.**

Da $(C)$ durch (absolute) Spiegelung an $P_1M$ in sich übergeht, folgt daraus weiterhin

b) **In der h. Geometrie geht eine zu einer Geraden gehörende Abstandslinie durch Spiegelung an irgendeinem Lote dieser Geraden in sich über.**

Auf die Abstandslinien waren schon Saccheri und Lambert gestoßen, auch J. Bolyai ging bereits bei seinen ersten Versuchen von ihnen aus. Gauß schlug für sie die Bezeichnung „Hypercykel" vor.

---

*) Ist $UV$ eine beliebige Sehne von $(K)$, dann liegen die zu dieser Geraden h. äquidistanten Punkte auf einer e. Ellipse, welche $(K)$ in den Punkten $U$ und $V$ berührt. Das kann man daraus erkennen, daß die automorphen Kollineationen von $(K)$ Ellipsen innerhalb $(K)$ wieder in Ellipsen verwandeln.

**) Als einzige Gerade durch $Q_1$, welche zu $d$ nicht randparallel ist und $(C)$ in keinem zweiten Punkte trifft

## Kreise.

**66.** Aus Satz 61b folgt, daß man die Gleichung eines beliebigen h. Kreises $(\overline{C})$ in e. Koordinaten erhält, wenn man auf einen e. Kreis $(C)$ mit dem Mittelpunkt $M$ eine automorphe Kollineation von $(K)$ anwendet, wobei $M$ in den h. Mittelpunkt $\overline{M}$ von $(\overline{C})$ übergeht (Fig. 35). Durch die Forderungen $\overline{M} \to M$, $\overline{U} \to U$, segm $(\overline{U}\overline{P}\overline{V}) \to$ segm $(UPV)$ ist nach den Sätzen 48a und b genau eine solche Kollineation bestimmt; ihre Gleichungen sind, wovon man sich leicht durch rechnerische Nachprüfung überzeugt, wenn $Y$ durch $\overline{M}$ geht,

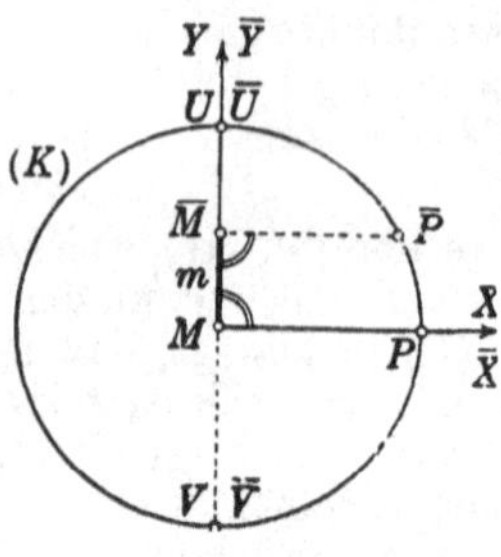


Fig. 35.

(66, 1) $x = \overline{x}\sqrt{1-m^2} : (1 - m\overline{y}),\ y = (\overline{y} - m) : (1 - m\overline{y})$*).

Nun transformieren wir, wie gesagt, einen Kreis

$$x^2 + y^2 - r^2 = 0, \qquad r < 1$$

durch die Gln. (66, 1) und erhalten als e. Gleichung eines allgemeinen h. Kreises mit Mittelpunkt auf $Y$ die Ellipsengleichung

(66, 2) $\overline{x}^2(1 - m^2) + \overline{y}^2(1 - m^2r^2) - 2\overline{y}m(1 - r^2) = r^2 - m^2.$

Das heißt

a) In der Deutung $\{\mathfrak{D}\}$ ist ein h. Kreis mit dem Mittelpunkt $\overline{M}$ eine e. Ellipse, deren kleine Achse auf dem Durchmesser von $(K)$ liegt, der $\overline{M}$ enthält.

Wie man eine solche Ellipse $(E)$ bestimmt, wenn der Mittelpunkt $\overline{M}$ und ein Punkt $P$ des durch sie dargestellten h. Kreises gegeben ist, das zeigt Fig. 36: $U$, $V$ seien die Endpunkte der Sehne $\overline{M}P$ und $S$, $T$ die Endpunkte des Durchmessers $\overline{M}M$ von $(K)$. Man bringt $US$ mit $VT$ in $C$ zum Schnitt und schneidet den Durchmesser mit $CP$ in $A$. Dann ist wegen der Perspektivität der Punkt-

*) Ersetzt man hierin $y$ durch $-y$, dann hat man die Kollineation, welche $\overline{U} \to V$, $\overline{V} \to U$ entsprechen läßt und die im übrigen dasselbe wie (66, 1) bewirkt.

reihen $(\bar{M}PUV) = (\bar{M}AST)$, daher sind die Strecken $\bar{M}P$ und $\bar{M}A$ h. kongruent; folglich ist $A$ der eine Endpunkt der kleinen Achse der gesuchten Ellipse $(E)$. Entsprechend findet man aus dem Schnittpunkt $D$ von $VS$ und $UT$ den anderen Endpunkt $B$ dieser Ellipsenachse und kennt von der Ellipse nun die kleine Achse $AB$ und einen Punkt $P$, so daß man in bekannter Weise ihre große Achse und beliebig viele ihrer Punkte angeben kann*).

In Fig. 36 ist gleichzeitig die Aufgabe gelöst, in der Deutung {𝔇} eine beliebig gegebene h. Strecke $A\bar{M}$ über ihren Endpunkt $\bar{M}$ hinaus zu verdoppeln. Wir denken uns zu diesem Zwecke den hier unwesentlichen Punkt $M$ aus der Figur weg, wählen $U$ auf $(K)$ beliebig, übertragen $A\bar{M}$ h. kongruent nach $P\bar{M}$ und dieses wieder h. kongruent nach $B\bar{M}$.

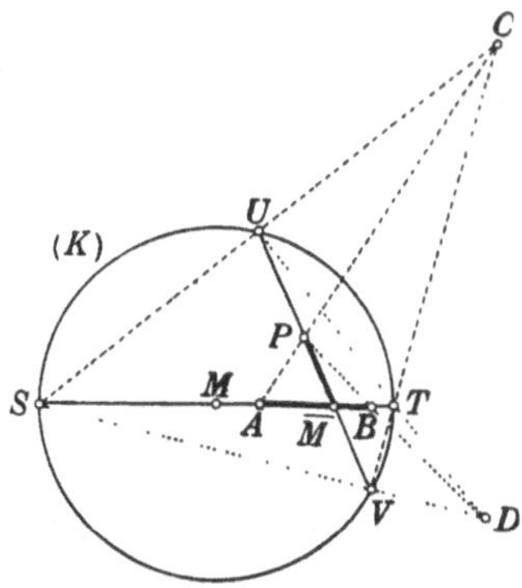


Fig. 36.

## Grenzkreise.

**67.** In der h. Geometrie sei $C$ der Mittelpunkt eines Kreises, $P$ ein Punkt des Kreises. Man läßt nun $C$ auf der Halbgeraden $PC$ gegen den Rand rücken und betrachtet die unendliche Folge der Kreise, welche alle durch den festen Punkt $P$ gehen und die Lagen des bewegten Punktes $C$ zu Mittelpunkten haben. Diese Kreise streben, wie wir sogleich erkennen werden, einer Grenzkurve zu, und diese bezeichnet man als einen „Grenzkreis“. Man kann einen Grenzkreis nach dieser Definition kurz als „h. Kreis mit unendlich großem Halbmesser“ ansprechen; die Begründung für diese Sprechweise folgt in Nr. 71.

*) Liegt der gegebene Punkt des h. Kreises zufällig auf $\bar{M}M$, d. h. ist $A$ gegeben, dann findet man durch die in Fig. 36 angegebene Konstruktion den Punkt $P$ auf einer beliebigen Sehne durch $M$ und bestimmt daraus wie oben den Punkt $B$.

Hierzu beachte man den Literaturhinweis in der Fußnote zu Nr. 58.

Um den soeben angegebenen Grenzübergang analytisch verfolgen zu können, denken wir uns, wieder in Anwendung des Prinzips der speziellen Lage, in der Deutung $\{\mathfrak{D}\}$ den Ausgangskreis durch eine h. Bewegung so gelegt, daß sein Punkt $P$ auf $M$ fällt. $M$ wählen wir als Anfangspunkt eines rechtwinkligen e. $X$, $Y$-Koordinatensystems, dessen $Y$-Achse wir durch den Punkt $\overline{M}$ legen, auf den der Mittelpunkt $C$ des Kreises fällt, Fig. 35, (Nr. 66). Schreiben wir in Gl. (66,2) $x$ und $y$ statt $\bar{x}$ und $\bar{y}$, dann haben wir die Gleichung dieses Kreises, wenn wir außerdem noch berücksichtigen, daß sie für $x = y = 0$ erfüllt sein muß. Die letzte Bedingung liefert $r^2 - m^2 = 0$ und daher als e. Gleichung des h. Kreises

$$x^2(1 - m^2) + y^2(1 - m^4) - 2ym(1 - m^2) = 0,\ 1 - m^2 \neq 0, \text{ d. h.}$$

$$x^2 + y^2(1 + m^2) - 2ym = 0. \tag{67, 1}$$

Nun erhalten wir die in der Definition des Grenzkreises auftretende Schar von Kreisen, wenn wir $\overline{M}$ gegen $U$ laufen lassen oder, was dasselbe ist, $m$ in den Wert $+1$ übergehen lassen. Dann tritt an Stelle von (67, 1) die Gleichung

$$x^2 + 2y^2 - 2y = 0. \tag{67, 2}$$

Dies ist demnach die e. Gleichung eines Grenzkreises. Sie stellt, e. gesprochen, eine Ellipse mit der kleinen Achse $MU$ dar, deren Halbachsen $a = \sqrt{\frac{1}{2}}$ und $b = \frac{1}{2}$ sind. Der Krümmungskreis dieser Ellipse im Endpunkt $U$ ihrer kleinen Achse hat den Halbmesser $a^2 : b = 1$, fällt daher mit $(K)$ zusammen, vgl. $(G)$ in Fig. 37. Aus bekannten Eigenschaften der Scheitelkrümmungskreise einer Ellipse oder durch unmittelbare Berechnung der Schnittpunkte der Ellipse (67, 2) mit $(K)$ erkennt man, daß diese vier Schnittpunkte in $U$ zusammenfallen.

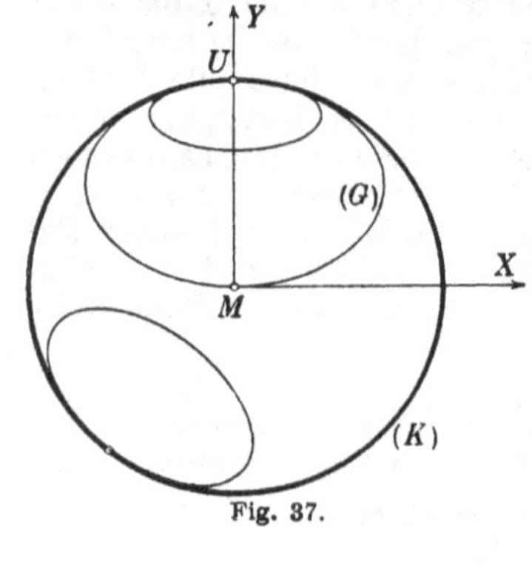

Fig. 37.

Führt man, um aus der speziellen wieder in die allgemeine Lage zurückzukommen, eine automorphe Kollineation von $(K)$ durch, dann bleibt die Ellipse als Kegelschnitt, der ganz innerhalb $(K)$ liegt und $(K)$ in einem Punkte vierpunktig trifft, eine Ellipse, die $(K)$ zum Scheitelkrümmungskreise hat*). Das gibt den Satz, für den Fig. 37 drei Beispiele zeigt:

In der Deutung {𝔇} sind die Grenzkreise e. Ellipsen, welche den Randkreis $(K)$ zum Scheitelkrümmungskreis haben**).

Man kann den Grenzkreis ebensogut auch als Grenzlage einer Folge von Abstandslinien (Nr. 65) erhalten, deren Mittelgerade $d$ man gegen eine Randtangente rücken läßt***), während man einen ihrer Punkte $P$ festhält.

Liegt ein beliebiger Grenzkreis vor und legt man ihn durch eine h. Bewegung mit irgendeinem seiner Punkte auf $M$ und die $Y$-Achse durch seinen Randpunkt, dann tritt wieder der Fall der Gl. (67, 2) und damit der Ellipse $(G)$ ein. Daraus folgen unmittelbar drei Sätze. Zunächst die Tatsache

a) Alle Grenzkreise sind h. kongruent.

Da die $X$-Achse Tangente an $(G)$ in $M$ ist und auf $MU$ absolut senkrecht steht, ergibt sich weiterhin

b) In der h. Geometrie steht die Tangente in einem beliebigen Punkt eines Grenzkreises senkrecht auf der Verbindungslinie dieses Punktes mit dem Randpunkte des Grenzkreises.

$(G)$ geht durch (absolute) Spiegelung an $MU$ in sich über. Daraus schließt man

c) In der h. Geometrie geht ein Grenzkreis in sich über, wenn man ihn an irgendeiner nach seinem Randpunkte laufenden Geraden spiegelt.

*) Dabei geht der Mittelpunkt der alten Ellipse im allgemeinen nicht in den Mittelpunkt der neuen Ellipse über.

**) Zeichnet man zu einer Ellipse die Scheitelkrümmungskreise, dann verlaufen die zu den Endpunkten der großen Achse gehörenden innerhalb der Ellipse, die zu den Endpunkten der kleinen Achse gehörenden außerhalb der Ellipse. Daher haben alle diese Ellipsen auf $(K)$ einen Endpunkt ihrer kleinen Achse. Jede solche Ellipse stellt einen Grenzkreis dar.

***) Die beiden Berührungspunkte mit dem Rand $(K)$ rücken dabei zusammen und ergeben dadurch eine vierpunktige Berührung.

Zu den Grenzkreisen war J. Bolyai schon 1820 gelangt, sie waren der Ausgangspunkt seiner Entdeckungen. Gauß schlug für sie den Namen „Paracykel" vor, benutzte gelegentlich auch die Bezeichnung „Trope". Bei Lobatschefskij treten die Grenzkreise als „Oricyclen" (Horocyklen) auf und führen bei ihm wie auch bei J. Bolyai zur Aufstellung der h. trigonometrischen Formeln. Vgl. hierzu auch Liebmann [8], S. 59ff.

### Winkelmessung.

**68.** $\sphericalangle \alpha$ und $\sphericalangle \bar{\alpha}$ in Fig. 38 seien h. kongruent. Der nicht auf der $X$-Achse liegende Schenkel von $\sphericalangle \alpha$ treffe e. die positive $Y$-Achse (innerhalb oder außerhalb $(K)$) in $B$; dann sind nach den Sätzen 60a und 61a die beiden Winkel h. spitz. Die h. Bewegung, welche $\sphericalangle \alpha$ in $\sphericalangle \bar{\alpha}$ überführt — d. h. $A$, $U$ und die obere Kreishälfte in $\bar{A}$, $\bar{U}$ und die obere Kreishälfte (Satz 48b) —, hat, wie man wieder leicht nachprüft, die Gleichungen

$$(68,1) \qquad x = (x - a) : (1 - ax), \quad \bar{y} = y\sqrt{1 - a^2} : (1 - ax).$$

Den Punkten $M\ (0; 0)$ und $B\ (0; b)$ entsprechen vermöge Gl. (68, 1) die Punkte $M\ (-a;\ 0)$ und $\bar{B}\ (-a; b\sqrt{1 - a^2})$. Bezeichnet man mit $\alpha_e$ das e. Maß von $\sphericalangle \alpha$, mit $\alpha_h$ dessen h. Maß usw., dann ist

$$\operatorname{tg} \alpha_e = b : a, \qquad \operatorname{tg} \bar{\alpha}_e = \sqrt{1 - a^2}\, b : a = \sqrt{1 - a^2}\ \operatorname{tg} \alpha_e.$$

Daraus folgt $\bar{\alpha}_e < \alpha_e$, während $\bar{\alpha}_h = \alpha_h$ ist. D. h.

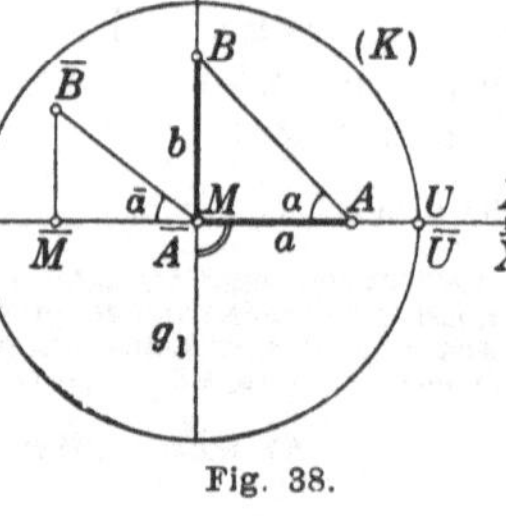

Fig. 38.

a) Legt man einen h. spitzen Winkel, dessen einer Schenkel $M$ enthält, durch eine h. Bewegung mit dem Scheitel auf $M$, dann wird der Winkel dabei e. kleiner.

Nimmt man noch den Satz 61a hinzu, d. h. $\bar{\alpha}_e = \bar{\alpha}_h = \alpha_h$, dann ist damit folgender Satz bewiesen:

b) Ist $\sphericalangle \alpha$ ein h. spitzer Winkel, dessen einer Schenkel durch $M$ läuft, während sein Scheitel von $M$ die e. Entfernung $a$ hat, dann besteht zwischen der h. und der e. Größe des Winkels die Beziehung

$$(68, 2) \qquad \operatorname{tg} \alpha_h = \sqrt{1 - a^2} \; \operatorname{tg} \alpha_e .$$

Daraus ergibt sich speziell

c) Läuft genau ein Schenkel eines h. spitzen Winkels durch $M$, dann ist der Winkel h. gemessen kleiner als bei e. Messung.

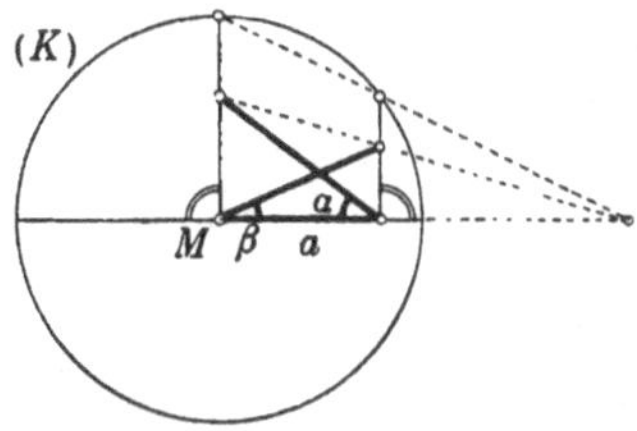

Fig. 39.

Liegen zwei h. kongruente spitze Winkel so, daß je einer ihrer Schenkel durch $M$ geht, dann ist nach dem Satze b) derjenige von ihnen e. größer, dessen Scheitel weiter von $M$ entfernt ist. Liegt $M$ im Innern eines h. spitzen Winkels, dann verbindet man seinen Scheitel mit $M$ und erkennt, daß auch dieser Winkel h. gemessen kleiner ist als in e. Maß. Fig. 39 zeigt eine aus Gl. (68, 2) folgende einfache Konstruktion des $\sphericalangle\ \beta$, dessen e. Größe gleich der h. Größe des spitzen $\sphericalangle\ \alpha$ ist.

Aus Satz b) folgert man ohne weiteres

d) Läßt man einen e. unveränderlichen spitzen Winkel innerhalb $(K)$, dessen einer Schenkel beständig durch $M$ läuft, mit dem Scheitel an $(K)$ heranrücken, dann konvergiert die h. Größe des Winkels gegen 0.

## Winkelsumme im Dreieck.

**69.** $ABC$ sei irgendein h. Dreieck. Dann gilt dafür der Satz 26f, und man kann durch eine h. Bewegung das Dreieck mit dem Schnittpunkt seiner Winkelhalbierenden auf $M$ legen. In der neuen Lage ist $M$ nach Satz 60e auch Schnittpunkt der e. Winkelhalbierenden und zufolge Satz 60a sind die 6 Teilwinkel h. spitz*). Wendet man auf sie den Satz 68c an, dann folgt daraus:

*) Das könnte man auch aus dem Satze 33a schließen.

a) In der h. Geometrie ist die Winkelsumme im Dreieck $< \pi$.

Ist $Q$ ein Punkt auf dem h. Halbkreis über einer Strecke $PR$ und ist $O$ der Mittelpunkt des Kreises, dann sind die Dreiecke $POQ$ und $QOR$ h. gleichschenklig und daher nach Satz 23d $\sphericalangle OPQ$ und $\sphericalangle PQO$ h. kongruent, ebenso $\sphericalangle OQR$ und $\sphericalangle QRO$. Daher ergibt sich aus a) sofort der Satz

b) In der h. Geometrie ist der Winkel im Halbkreis $< \frac{1}{2}\pi$.

Diese beiden letzten Sätze waren nach dem letzten Absatz von Nr. 7 zu erwarten.

Indem man ein Viereck durch eine Diagonale in zwei Dreiecke zerlegt, erkennt man ohne weiteres als Folge des Satzes a) den Satz

c) In der h. Geometrie ist die Winkelsumme im Viereck $< 2\pi$.

**70.** Angenommen, es gäbe in der h. Geometrie zwei nicht kongruente Dreiecke $ABC$ und $A'B'C'$ mit paarweise kongruenten Winkeln. Dann könnte man nach Satz 26c von zwei entsprechenden Ecken aus, etwa $B$ und $B'$, in den Dreiecken verlaufende Höhen $BH$ und $B'H'$ angeben. Dabei könnte nicht $AH$ kongruent $A'H'$ sein, da sonst nach dem 2. Kongruenzsatze die betreffenden beiden Teildreiecke und anschließend auch die beiden anderen Teildreiecke kongruent wären und damit auch die ursprünglichen Dreiecke.

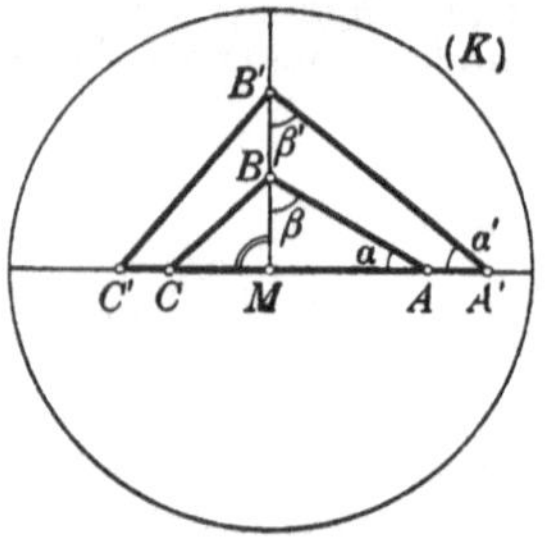

Fig. 40.

Würde man nun durch h. Bewegungen die beiden Dreiecke mit den Höhenfußpunkten $H$ und $H'$ auf $M$ legen und mit den beiden Höhen auf den gleichen Halbmesser von $(K)$, dann entstünde, wenn etwa h. $A'H' > AH$ wäre, die Fig. 40, wobei $\alpha_h = \alpha_h'$ wäre. Nach Satz 68b wäre demnach $\alpha_e' > \alpha_e$ und folglich $\beta_e' < \beta_e$ sowie e. $MB' > MB$, demnach, wieder nach Satz

68b, $\beta_h' < \beta_h$. Weiterhin müßte e. auch $MC' > MC$ sein, da sich sonst nicht aus den linken Teildreiecken ebenfalls e. $MB' > MB$ ergeben würde, und im Dreieck $A'B'C'$ wären daher die beiden Teilwinkel h. kleiner als die entsprechenden Teilwinkel in $ABC$, folglich wäre h. $\sphericalangle A'B'C' < \sphericalangle ABC$, im Widerspruche mit der ursprünglichen Voraussetzung. D. h.

a) In der h. Geometrie sind zwei Dreiecke kongruent, wenn sie in den drei Winkeln übereinstimmen.

Dies ist ein 5. Kongruenzsatz, er ist für die h. Geometrie charakteristisch. Da es demnach in der h. Geometrie keine zwei ähnlichen, nicht kongruenten Figuren geben kann, fällt damit die ganze, in der e. Geometrie so bedeutungsvolle Lehre von der Ähnlichkeit weg. Die Sätze 69 a und 70 a stellen den erwarteten Widerspruch zu den e. Sätzen 6 e und 6 f fest.

## Streckenmessung; Hyperbelfunktionen.

**71.** Die Streckenmessung der absoluten und folglich auch der h. Geometrie wurde in den Nrn. 29 und 31 behandelt. Damit ist jeder h. Strecke eine positive Zahl als Länge zugeordnet, und es drängt sich naturgemäß die Frage auf, ob und wie sich in der Deutung $\{\mathfrak{D}\}$ die h. Länge einer Strecke e. oder, besser, projektiv ausdrücken läßt.

Bei der Beantwortung dieser Frage wollen wir uns zunächst auf h. Strecken beschränken, die nach Nr. 43 positiv orientiert sind. Dann gehören zu h. kongruenten Strecken gleiche endliche Doppelverhältnisse $\delta > 1$; man wird daher zufolge der Forderung 29a für die e. Deutung der h. Streckenmessung eine die Streckenlänge $\mathfrak{d}$ ausdrückende Funktion von $\delta$ suchen, die die in 29b ausgesprochene Forderung erfüllt, daß die Länge einer Strecke gleich der Summe der Längen ihrer Teilstrecken sein soll; da nach Gleichung (44, 1) die entsprechenden Doppelverhältnisse sich multiplizieren, ist der Logarithmus zu einer beliebigen Basis eine solche Funktion:

$$(71, 1) \qquad \mathfrak{d} = c \cdot ln\, \delta,$$

wo $c$ eine beliebige, von Null verschiedene Konstante bedeutet.

Man kann sich fragen, ob dies die einzigen Funktionen sind, die das Gewünschte leisten*); diese Frage läßt sich folgendermaßen beantworten: Jede Funktion von $\delta$ ist eine Funktion von $\mathfrak{d}$; sie sei mit $f(\mathfrak{d})$ bezeichnet. Um 29b zu erfüllen, muß $f$ der Funktionalgleichung genügen

$$(71, 2) \qquad f(\mathfrak{x} + \mathfrak{y}) = f(\mathfrak{x}) + f(\mathfrak{y}).$$

Sie wurde von Cauchy auf einfache Art unter der Voraussetzung gelöst, daß $f(\mathfrak{x})$ eine stetige Funktion sein soll**); die Forderung der Stetigkeit läßt sich durch die der Monotonie ersetzen, was unserem geometrischen Problem angemessener ist. Als Lösung ergibt sich

$$(71, 3) \qquad f(\mathfrak{x}) = C \cdot \mathfrak{x},$$

wo $C$ eine willkürliche Konstante ist. Das führt auf den oben schon gemachten Ansatz zurück, der sich damit als der allgemeinste, der möglich ist, herausstellt.

Damit ist in $c \cdot \ln \delta$ die gesuchte projektive Deutung der h. Länge orientierter Strecken gefunden. Die Verfügung über die Konstante $c$ entspricht der nach Nr. 29 willkürlichen Annahme der Streckeneinheit in der h. Geometrie. Wir wollen aus einem Grunde, den wir in Nr. 74 angeben werden, $c = \frac{1}{2}$ annehmen und haben damit den Satz gefunden:

a) Die h. Länge $\mathfrak{a}$ einer orientierten Strecke $AB$ auf der Sehne $UV$ hat in der Deutung $\{\mathfrak{D}\}$ den Wert $\mathfrak{a} = \frac{1}{2} \cdot \ln(ABUV)$. Bei Umkehrung des Streckensinnes geht $\mathfrak{a}$ in $-\mathfrak{a}$ über***).

Aus diesem Satz und dem Satz 45a ergibt sich nun sofort die Tatsache

b) Liegt eine h. positive Strecke $AB$ auf einer Geraden $g$ und rückt $B$ auf $g$ von $A$ weg unbegrenzt auf $(K)$ zu, dann wächst die h. Länge der Strecke über alle Grenzen.

*) Für den weiteren Ausbau der Theorie würde es genügen, in dem den logarithmus naturalis enthaltenden Ergebnis $c \cdot \ln \delta$ eine Möglichkeit zu besitzen, um die „additive Eigenschaft" der Längenmessung zu erreichen.

**) A. L. Cauchy, Analyse algébrique, Paris 1821, Chap. V. — Daß die Cauchysche Lösung hier nicht wiedergegeben wird, ist durch das in der vorigen Fußnote Gesagte gerechtfertigt.

***) Wir bezeichnen weiterhin die e. Längen von Strecken in der üblichen Weise durch kursive Buchstaben $a, b, c, \ldots$, die h. Längen von Strecken durch Buchstaben in Fraktur $\mathfrak{a}, \mathfrak{b}, \mathfrak{c}, \ldots$.

Die Punkte von $(K)$ haben demnach für die h. Geometrie dieselbe Bedeutung wie die Punkte der in Nr. 47 erwähnten uneigentlichen Geraden für die e. Geometrie. In der e. Geometrie hat die Hyperbel zwei unendlich ferne Punkte; im Hinblicke darauf ist die Bezeichnung „hyperbolische Geometrie" gewählt worden, weil in dieser Geometrie jede Gerade zwei unendlich ferne Punkte hat.

Das zu der hier durchgeführten Betrachtung im Sinn der projektiven Geometrie duale Vorgehen führt zu Ausdrücken für Winkelgrößen und für Abstände von Geradenpaaren (s. Nr. 73) durch Doppelverhältnisse*).

**72.** Aus dem Satz 71a und der zweiten der Gln. (65, 1) folgt

a) Liegt in der Deutung $\{\mathfrak{D}\}$ die positiv orientierte h. Strecke $AB$ mit dem einen Endpunkt auf dem Halbierungspunkt ihrer Sehne und sind $b$ und $s$ die e. (positiven) Längen der Strecke und der Halbsehne, dann bestehen zwischen diesen und der h. Länge $\mathfrak{b}$ der Strecke die Beziehungen

$$(72,1)\qquad \begin{aligned} \mathfrak{b} &= \tfrac{1}{2}\cdot \ln\left((s+b):(s-b)\right),\\ b &= s\cdot(e^{2\mathfrak{b}}-1):(e^{2\mathfrak{b}}+1) = s\cdot \mathfrak{Tg}\,\mathfrak{b}. \end{aligned}$$

Hieraus folgt speziell für eine von $M$ ausgehende positive h. Strecke von der h. Länge $\mathfrak{a}$ und der e. Länge $a$

$$(72,2)\qquad \begin{aligned} \mathfrak{a} &= \tfrac{1}{2}\cdot \ln\left((1+a):(1-a)\right),\\ a &= (e^{2\mathfrak{a}}-1):(e^{2\mathfrak{a}}+1) = \mathfrak{Tg}\,\mathfrak{a}. \end{aligned}$$

Wir stoßen hier auf die bekannten Hyperbelfunktionen**)

Hyperbelsinus von $\alpha$: $\quad \mathfrak{Sin}\,\alpha = \tfrac{1}{2}(e^{\alpha}-e^{-\alpha})$,

Hyperbelkosinus von $\alpha$: $\quad \mathfrak{Cos}\,\alpha = \tfrac{1}{2}(e^{\alpha}+e^{-\alpha})$,

Hyperbeltangens von $\alpha$: $\quad \mathfrak{Tg}\,\alpha = (e^{\alpha}-e^{-\alpha}):(e^{\alpha}+e^{-\alpha})$,

Hyperbelkotangens von $\alpha$: $\quad \mathfrak{Cotg}\,\alpha = (e^{\alpha}+e^{-\alpha}):(e^{\alpha}-e^{-\alpha})$.

Für positive Werte $\alpha$ sind alle Hyperbelfunktionen positiv; durchläuft $\alpha$ alle reellen Zahlen, so tut das auch $\mathfrak{Sin}\,\alpha$, während stets $\mathfrak{Cos}\,\alpha \geqq 1$ und $-1 < \mathfrak{Tg}\,\alpha < 1$ gilt.

---

*) Ein solcher projektiver Maßausdruck wurde zum ersten Male für die Winkel in der Euklidischen Ebene von E. Laguerre 1853 gefunden.

**) Die Ableitung der Hyperbelfunktionen aus der gleichseitigen Hyperbel ist z. B. in Liebmann [8] S. 56/57 angegeben.

Aus den bekannten Zusammenhängen der trigonometrischen Funktionen mit der Exponentialfunktion, die in der Eulerschen Formel

(72, 3) $$e^{i\alpha} = \cos\alpha + i \sin\alpha$$

erschöpfend zum Ausdruck kommen*), wo $i$ in der üblichen Weise durch die Beziehung $i^2 = -1$ eingeführt ist, ergibt sich ohne weiteres

(72, 4) $$\begin{aligned} \sin(i\alpha) &= i\,\mathfrak{Sin}\,\alpha, & \cos(i\alpha) &= \mathfrak{Cos}\,\alpha, \\ \operatorname{tg}(i\alpha) &= i\,\mathfrak{Tg}\,\alpha\,, & \operatorname{cotg}(i\alpha) &= -i\,\mathfrak{Cotg}\,\alpha. \end{aligned}$$

Hieraus oder aus den vorhergehenden Exponentialgleichungen findet man leicht

(72, 5) $$\mathfrak{Cos}^2\alpha - \mathfrak{Sin}^2\alpha = 1, \qquad 1 - \mathfrak{Tg}^2\alpha = 1 : \mathfrak{Cos}^2\alpha,$$

(72, 6) $$\mathfrak{Cos}\,(\alpha \pm \beta) = \mathfrak{Cos}\,\alpha\,\mathfrak{Cos}\,\beta \pm \mathfrak{Sin}\,\alpha\,\mathfrak{Sin}\,\beta,$$

(72, 7) $$\mathfrak{Sin}\,(\alpha \pm \beta) = \mathfrak{Sin}\,\alpha\,\mathfrak{Cos}\,\beta \pm \mathfrak{Cos}\,\alpha\,\mathfrak{Sin}\,\beta,$$

(72, 8) $$\mathfrak{Cos}\,2\alpha = \mathfrak{Cos}^2\alpha + \mathfrak{Sin}^2\alpha,$$

(72, 9) $$\mathfrak{Sin}\,2\alpha = 2\,\mathfrak{Sin}\,\alpha\,\mathfrak{Cos}\,\alpha;$$

(72, 6 u. 7) sind die „Additionstheoreme".

**73.** Es seien zwei Randparallele gegeben. Mittels einer h. Bewegung bringt man sie in die Lagen $g$ und $h$ derart, daß $g$ durch $M$ geht. Aus Fig. 41a folgt

$$b = p(1 - x), \qquad s = \sqrt{1 - x^2}$$

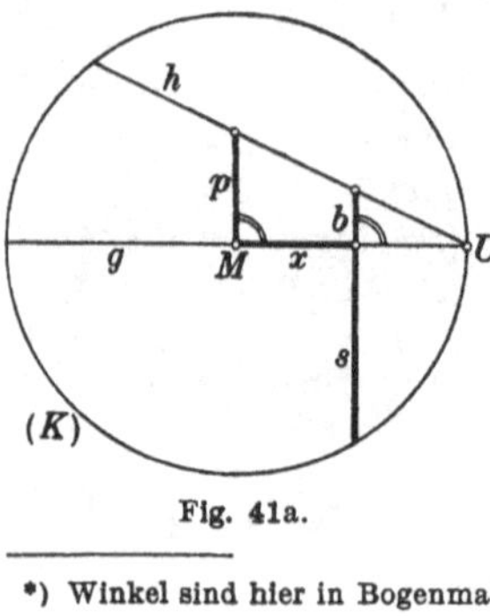

Fig. 41a.

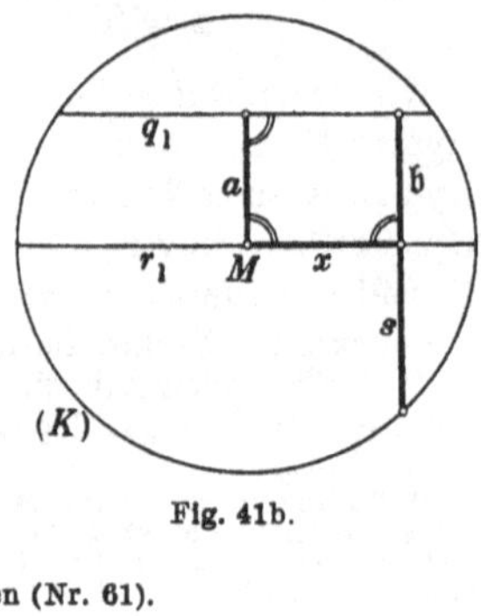

Fig. 41b.

*) Winkel sind hier in Bogenmaß zu messen (Nr. 61).

und aus Gl. (72, 1)

$$\mathfrak{b} = \tfrac{1}{2} \ln \left( (\sqrt{1+x} + p\sqrt{1-x}) : (\sqrt{1+x} - p\sqrt{1-x}) \right).$$

Aus dieser Gleichung erkennt man ohne weiteres in Übereinstimmung mit dem letzten Absatz von Nr. 7 den Satz

a) Sind in der h. Geometrie zwei Randparallele gegeben und fällt man von den Punkten $A_\nu$ der ersten die Lote auf die zweite, dann konvergieren die Längen dieser Lote beständig abnehmend gegen 0 oder wachsen beständig und über alle Grenzen, je nachdem die $A_\nu$ auf den gemeinsamen Endpunkt der Parallelen zu- oder von ihm weglaufen.

Damit ist es gerechtfertigt, Randparallele als asymptotische Halbgerade zu bezeichnen.

Es seien zwei Überparallele $q, r$ gegeben. Mittels einer h. Bewegung bringen wir sie in die Lage $q_1, r_1$ derart, daß der eine Endpunkt ihres gemeinsamen Lotes (Satz 64b) auf $M$ fällt. Dann werden sie nach Satz 60a e. parallel, Fig. 41b, und $a$ ist ihr gemeinsames Lot. Nun ist nach den Gln. (72, 1) und (72, 2)

$$\mathfrak{b} = \tfrac{1}{2} \ln \left( (\sqrt{1-x^2} + a) : (\sqrt{1-x^2} - a) \right),$$

$$\text{also} \quad \mathfrak{b} > \tfrac{1}{2} \ln \left( (1+a) : (1-a) \right) = \mathfrak{a},$$

und aus dieser letzten Gleichung liest man folgenden Satz ab:

b) Es seien in der h. Geometrie $q, r$ zwei Überparallele und $Q$ der auf $q$ liegende Endpunkt ihres gemeinsamen Lotes. Unter allen Loten, die man von den Punkten von $r$ aus auf $q$ fällen kann, ist das gemeinsame Lot das kürzeste, und die Längen dieser Lote wachsen beständig und über alle Grenzen, wenn sich ihre Fußpunkte von $Q$ nach der einen oder anderen Seite entfernen.

Ist $AB$ eine $q$ mit $r$ verbindende, vom gemeinsamen Lote verschiedene Strecke, dann fällt man das Lot $AB_1$ auf $r$. Dieses ist nach dem soeben ausgesprochenen Satze mindestens so groß wie das gemeinsame Lot, und aus dem rechtwinkligen Dreieck $AB_1B$ ergibt sich wegen des Satzes 26g der Satz

c) Das gemeinsame Lot zweier Überparallelen ist die kürzeste Verbindungslinie, die zwischen den beiden Überparallelen möglich ist.

### Der Parallelwinkel.

**74.** In der h. Geometrie sei eine Gerade und ein nicht auf ihr liegender Punkt gegeben, der von der Geraden den senkrechten Abstand $\mathfrak{l}$ hat. Es soll der Winkel $\lambda$ bestimmt werden, den nach dem Schlusse von Nr. 56 jede der Randparallelen durch den Punkt zu der Geraden mit dem Lot einschließt, das man aus dem Punkt auf die Gerade fällen kann. Wir denken uns zu diesem Zwecke die Gerade und den Punkt durch eine h. Bewegung so gelegt, daß der Punkt auf $M$ fällt. $g$ sei dann die Lage der Geraden, Fig. 42. Dann hat das (nach Satz 60a absolute) Lot aus $M$ auf $g$ die e. Länge $\cos\lambda$ und daher nach Gl. (72, 2) die h. Länge

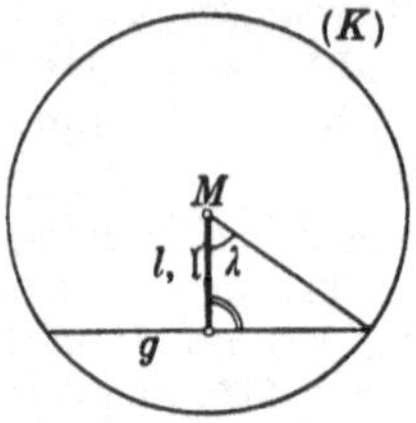


Fig. 42.

$$\mathfrak{l} = \tfrac{1}{2}\ln\left((1+\cos\lambda) : (1-\cos\lambda)\right) = \ln\operatorname{cotg}\tfrac{1}{2}\lambda,$$

während $\lambda$ nach Satz 61a auch die h. Größe des zu bestimmenden Winkels ist. $\lambda$ nennt man seit Lobatschefskij den zu dem Abstand $\mathfrak{l}$ gehörenden „Parallelwinkel“ und bezeichnet ihn mit $\Pi(\mathfrak{l})$. Im vorstehenden ist folgender Satz bewiesen:

a) In der h. Geometrie besteht zwischen der Lotlänge $\mathfrak{l}$ und dem zugehörigen Parallelwinkel $\Pi(\mathfrak{l}) = \lambda$ die Gleichung

$$e^{-\mathfrak{l}} = \operatorname{tg}\tfrac{1}{2}\lambda. \tag{74, 1}$$

Der Parallelwinkel konvergiert nach Gl. (74, 1) gegen $\frac{1}{2}\pi$, wenn $\mathfrak{l}$ gegen 0 konvergiert, und er konvergiert gegen 0, wenn $\mathfrak{l}$ über alle Grenzen wächst. Um der Formel (74, 1) in Übereinstimmung mit Lobatschefskij, für dessen Aufbau der Nichteuklidischen Geometrie sie grundlegend ist, diese einfache Form geben zu können, haben wir in Nr. 71 den Wert $c = \frac{1}{2}$ gewählt. Damit decken sich dann auch unsere übrigen Formeln mit denen Lobatschefskijs.

Aus Fig. 42 und Gl. (72, 2) liest man ohne weiteres ab

$$\cos\lambda = l = \mathfrak{Tg}\,\mathfrak{l},\ \text{folglich}\ 1 - \cos^2\lambda = 1 - \mathfrak{Tg}^2\,\mathfrak{l},$$
$$\text{also nach (72,5)}\ \sin^2\lambda = 1 : \mathfrak{Cof}^2\,\mathfrak{l}.\ \text{D. h.}$$

b) Zwischen einer h. Strecke $\mathfrak{l}$ und dem zugehörigen Parallelwinkel $\Pi(\mathfrak{l})$ bestehen die Beziehungen

$$(74,2)\qquad \begin{aligned} \cos\Pi(\mathfrak{l}) &= \mathfrak{Tg}\,\mathfrak{l},\ \sin\Pi(\mathfrak{l}) = 1 : \mathfrak{Cof}\,\mathfrak{l},\\ \operatorname{tg}\Pi(\mathfrak{l}) &= 1 : \mathfrak{Sin}\,\mathfrak{l},\ \operatorname{cotg}\Pi(\mathfrak{l}) = \mathfrak{Sin}\,\mathfrak{l}.\text{*)} \end{aligned}$$

## Parallelogramme und Trapeze.

**75.** Es liegt nahe, in der h. Geometrie, in Anlehnung an die e. Geometrie, ein nicht überschlagenes Viereck $ABCD$, in dem je zwei Gegenseiten einander gleich sind, als „Parallelogramm" zu bezeichnen. Ist $ABCD$, Fig. 43, ein solches Parallelogramm, dann sind nach dem 3. Kongruenzsatze die Dreiecke $ABC$ und $CDA$ kongruent, und es ist daher $\sphericalangle BCA \equiv \sphericalangle DAC$. Legt man den h. Mittelpunkt von $AC$ durch eine h. Bewegung auf $M$, dann erkennt man sofort aus den Sätzen 60c und 60f, daß in der neuen Lage das h. Parallelogramm zugleich ein e. Parallelogramm ist. Damit ergeben sich aus bekannten Eigenschaften der e. Parallelogramme unmittelbar folgende Sätze für h. Parallelogramme**):

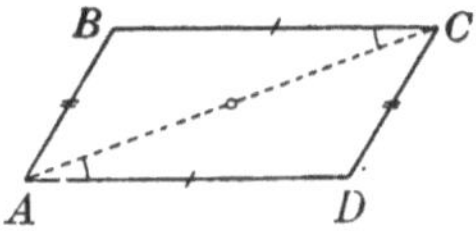

Fig. 43.

a) In der h. Geometrie sind je zwei Gegenseiten eines Parallelogramms überparallel. Diese beiden Paare von Überparallelen haben den gleichen Symmetriepunkt. In ihm halbieren die beiden Diagonalen des Parallelogramms einander. Je zwei Gegenwinkel im Parallelogramm sind gleich.

b) Stehen in der h. Geometrie die beiden Diagonalen eines Parallelogramms aufeinander senkrecht, dann sind die vier Seiten des Parallelogramms gleich. Diese vier Seiten haben

---

*) Man hätte, wenn auch nicht so rasch, die Gln. (74, 2) auch aus der Gl. (74, 1) und den trigonometrischen Darstellungen von $\sin\lambda$, $\cos\lambda$, $\operatorname{tg}\lambda$, $\operatorname{cotg}\lambda$ durch $\operatorname{tg}\lambda/_2$ gewinnen können, deren drei erste bekanntlich für $\operatorname{tg}\lambda/_2 = t$ lauten: $\sin\lambda = 2t : (1 + t^2)$, $\cos\lambda = (1 - t^2) : (1 + t^2)$, $\operatorname{tg}\lambda = 2t : (1 - t^2)$.

**) Man könnte die hier folgenden Sätze a)—d) auch mit weiterer Benutzung der Kongruenzsätze unabhängig von der hier verwendeten Deutung {𝔇} der h. Geometrie einfach beweisen.

vom Diagonalenschnittpunkte gleiche senkrechte Abstände (h. Raute; sie besitzt einen Inkreis).

c) Sind die Diagonalen eines Parallelogramms gleich, dann sind dessen vier Winkel gleich (h. Analogon zum Rechteck).

d) Sind die Diagonalen eines Parallelogramms gleich und zueinander senkrecht, dann hat das Parallelogramm vier gleiche Seiten und vier gleiche Winkel (h. Analogon des Quadrats).

**76.** Ein h. rechtwinklig-gleichschenkliges Trapez $ABCD$ erhält man, indem man, wie in Fig. 44, $\sphericalangle DAB \equiv \sphericalangle CBA = \frac{1}{2}\pi$ macht und $AD \equiv BC$. Man erkennt sofort aus der Kongruenz der Dreiecke $ABC$ und $BAD$ die Kongruenzen $AC \equiv BD$ sowie $\sphericalangle CAB \equiv \sphericalangle DBA$ und hieraus weiterhin $SA \equiv SB$ sowie $SC \equiv SD$. Daher ist nach Satz 23d die gemeinsame Halbierende der beiden Scheitelwinkel $\sphericalangle ASB$ und $\sphericalangle CSD$ Mittelsenkrechte zu $AB$ und $CD$. Weiterhin sind die Dreiecke $DCA$ und $CDB$ kongruent. Da in dieser Überlegung das Nichteuklidische Parallelenaxiom nicht verwendet wurde, gilt damit für die absolute Geometrie der Satz

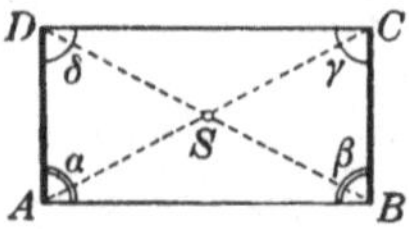

Fig. 44.

a) Im rechtwinklig-gleichschenkligen Trapez $ABCD$ mit den rechten Winkeln bei $A$ und $B$ steht die Verbindungslinie der Mittelpunkte der Seiten $AB$ und $CD$ auf diesen Seiten senkrecht; sie ist Symmetrieachse der Figur. Die Trapezwinkel bei $C$ und $D$ sind gleich*).

### Die Hjelmslevsche Mittellinie.

**77.** $P$ und $Q$ seien die Mittelpunkte der Seiten $AB$ und $AC$ eines Dreiecks, Fig. 67, Nr. 106**), $D$, $E$, $F$ die Fußpunkte der Lote aus $A$, $B$, $C$ auf die Gerade $PQ$. Dann sind die Dreiecke

*) Von der letzten Tatsache war schon zu Beginn von Nr. 7 die Rede. Hier und im folgenden leiten wir gelegentlich Sätze der absoluten Geometrie ab, die demnach eigentlich im II. Abschnitte hätten gebracht werden sollen. Da sie aber entweder nicht zum allgemein bekannten Bestande der Euklidischen Geometrie gehören und bei der Behandlung der h. Geometrie entdeckt wurden, oder da die dafür üblichen Beweise (axiomatisch überflüssiger Weise) das Euklidische Parallelenaxiom verwenden, haben wir sie dem V. Abschnitt eingereiht.

**) Es kommen hier noch nicht alle in der Figur eingetragenen Linien in Frage.

$ADQ$ und $CFQ$ nach dem 2. Kongruenzsatze kongruent, ebenso die Dreiecke $ADP$ und $BEP$, folglich ist $BE \equiv AD \equiv CF$, und das Trapez $BCFE$ ist rechtwinklig-gleichschenklig. Daher folgt aus dem Satze 76a der wichtige Satz der absoluten Geometrie:

a) Die Mittelsenkrechte einer Dreiecksseite steht auf der Verbindungsgeraden der Mittelpunkte der beiden anderen Dreiecksseiten senkrecht.

Wir beschränken uns nun wieder auf die h. Geometrie und betrachten die Fig. 45, in der $P, Q, R$ die h. Mittelpunkte der Strecken $SA, SB, SC$ seien. Dann ist nach dem soeben bewiesenen Satze die Mittelsenkrechte von $AB$ das gemeinsame Lot der Geraden $g$ und $PQ$, die Mittelsenkrechte von $BC$ das gemeinsame Lot von $g$ und $QR$. Da nach den Sätzen 64a und 64b in der h. Geometrie zwei Gerade höchstens ein gemeinsames Lot haben können, liegen demnach $P$, $Q$, $R$ sicher nicht in einer Geraden. D. h.

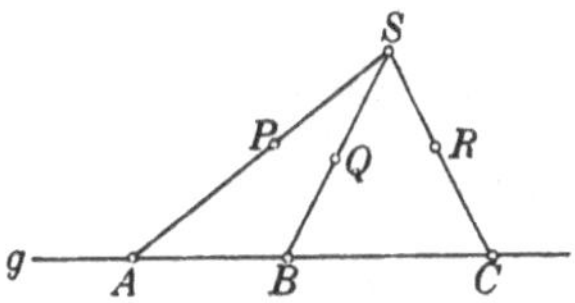

Fig. 45.

b) Sind in der h. Geometrie $A, B, C$ drei Punkte einer Geraden und ist $S$ ein Punkt außerhalb der Geraden, dann liegen die Mittelpunkte der drei Strecken $SA$, $SB$, $SC$ nicht in einer Geraden.

Daraus ergibt sich das folgende, dem e. Parallelenaxiom äquivalente einfache Axiom: Es gibt drei Punkte $A$, $B$, $C$ auf einer Geraden und einen Punkt $S$ außerhalb der Geraden derart, daß die Mittelpunkte der drei Strecken $AS$, $BS$, $CS$ auf einer Geraden liegen.

**78.** Es sei in der h. Geometrie eine Gerade $g$ mit den Punkten $A, B, C, D, \ldots$ und eine Gerade $g_1$ mit dem Punkt $A_1$ gegeben. Dann kann man auf $g_1$ nach Satz 22a zwei Punkte $B_1$ so bestimmen, daß $A_1B_1 \equiv AB$ wird; nach Wahl eines dieser Punkte $B_1$ ist dann ein Punkt $C_1$ so bestimmt, daß $A_1C_1 \equiv AC$ und $B_1C_1 \equiv BC$ wird, ein Punkt $D_1$ so, daß $A_1D_1 \equiv AD$ und $C_1D_1 \equiv CD$ wird usf. Man erhält so auf $g_1$ zwei zu der Punktreihe auf $g$ kongruente Punktreihen; sie sind dadurch charakterisiert, daß irgendeiner Strecke der einen Geraden eine kongruente Strecke in der anderen Geraden entspricht. Man kann nun zu jedem Punkte von $g$, indem man ihn in die Punktreihe von $g$ eingebettet denkt, in jeder der kongruenten Punktreihen auf $g_1$ genau einen entsprechenden Punkt bestimmen*).

Wir betrachten jetzt die Mittelpunkte der Strecken $AA_1$, $BB_1$, $CC_1, \ldots$ der kongruenten Punktreihen $g(A, B, C, \ldots)$ und $g_1(A_1, B_1, C_1, \ldots)$ und wollen annehmen, daß die Mittelpunkte von $AA_1$ und $BB_1$ in einem Punkte $P$ zusammenfallen, Fig. 46. Dann müssen die Punkte $B$ und $B_1$ auf verschiedenen Seiten der Geraden $AA_1$ liegen. Nach dem 1. Kongruenzsatze sind die Dreiecke $APB$ und $A_1PB_1$ kongruent und daher $\sphericalangle BAP \equiv \sphericalangle B_1A_1P$. Folglich sind nach dem Satze 64d die Geraden überparallel mit dem Symmetriepunkte $P$. Aus der nun leicht zu erkennenden Kongruenz der Dreiecke $CPA$ und $C_1PA_1$ folgt, daß $P$ auch Mittelpunkt der Strecke $CC_1$ ist und überhaupt Mittelpunkt jeder Verbindungsstrecke zweier entsprechender Punkte der Punktreihen.

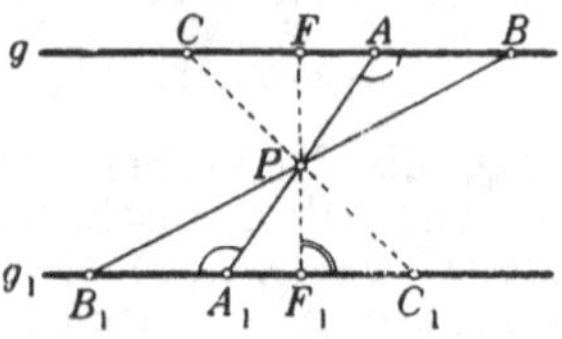

Fig. 46.

Sind $F$ und $F_1$ die Fußpunkte des ($P$ enthaltenden) gemeinsamen Lotes von $g$ und $g_1$, dann folgt aus dem 2. Kongruenzsatze die Kongruenz der Dreiecke $A_1PF_1$ und $APF$ und demnach $A_1F_1 \equiv AF$, d. h. die Punkte $F$ und $F_1$ sind einander entsprechende Punkte der beiden kongruenten Punktreihen.

Bezeichnet man nun zwei kongruente Punktreihen auf Überparallelen als „gleichsinnig", wenn je zwei entsprechende Punkte $B$ und $B_1$, $C$ und $C_1, \ldots$ immer auf derselben Seite der

*) Projektiv gesprochen erhält man die kongruenten Punktreihen auf $g$ und $g_1$ dadurch, daß man die Geraden so projektiv aufeinander bezieht, daß die Punkte $A$ und $A_1$ einander zugeordnet sind und den Schnittpunkten von $g$ mit $(K)$ die Schnittpunkte von $g_1$ mit $(K)$ entsprechen, was auf zweierlei Weise möglich ist.

Geraden $AA_1$ liegen, im anderen Fall als „gegensinnig" (z.B. in Fig. 46), dann ist damit der Satz bewiesen:

a) Sind in der h. Geometrie $g(A, B, C, \ldots)$ und $g_1(A_1, B_1, C_1, \ldots)$ kongruente Punktreihen, so haben zwei — und dann sofort alle — Strecken $AA_1$, $BB_1$, $CC_1, \ldots$ denselben Mittelpunkt immer und nur dann, wenn $\alpha$) $g$ und $g_1$ überparallel, $\beta$) die Punktreihen gegensinnig sind und $\gamma$) die Fußpunkte des gemeinsamen Lotes von $g$ und $g_1$ einander entsprechen. Der gemeinsame Mittelpunkt aller Strecken ist dann der Symmetriepunkt von $g$ und $g_1$.

**79.** Es gilt nun der folgende schöne Satz von J. Hjelmslev*):

a) Sind in der h. Geometrie $g(A, B, C, \ldots)$ und $g_1(A_1, B_1, C_1, \ldots)$ kongruente Punktreihen und sind nicht alle drei Bedingungen $\alpha$), $\beta$), $\gamma$) des Satzes 78a erfüllt, dann liegen die Mittelpunkte der Strecken $AA_1$, $BB_1$, $CC_1, \ldots$ auf einer Geraden.

Zum Beweise betrachte man die Fig. 47: $P$ und $Q$ seien die Mittelpunkte der Strecken $AA_1$ und $BB_1$. Man macht auf der

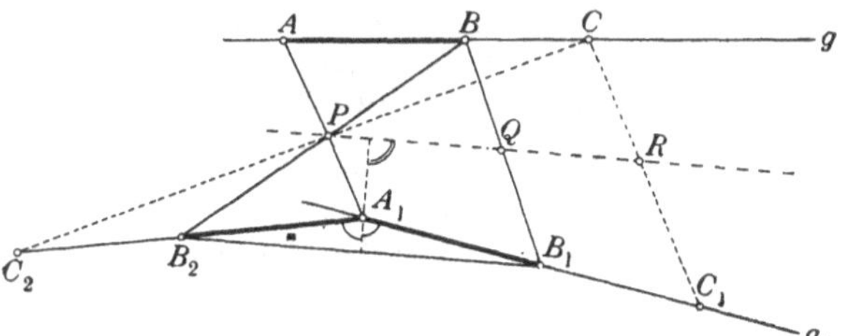


Fig. 47.

*) J. Hjelmslev, „Neue Begründung der ebenen Geometrie", Math. Ann. 64, 1907, S. 449—474, speziell S. 458—459. H. Liebmann fand bald danach, daß der Satz auch für windschiefe kongruente Punktreihen im Raum gilt; siehe [8], S. 21f. Ein einfacherer Beweis steht bei F. Löbell, Der Hjelmslevsche Mittelliniensatz und verwandte Sätze. Monatshefte f. Math. 65 (1961), S. 250. Siehe auch F. Bachmann, Aufbau der Geometrie aus dem Spiegelungsbegriff. Berlin-Göttingen-Heidelberg 1959, S. 54. Die Sätze 78a und 79a lassen sich leicht als Sätze der absoluten Geometrie aussprechen. In der e. Geometrie tritt der Fall des Satzes 78a, wie man sofort erkennt, bei gegenläufig kongruenten Punktreihen auf parallelen Geraden ein.

Geraden $PB$ die Strecke $PB_2 \equiv PB$, dann sind die Dreiecke $APB$ und $A_1PB_2$ nach dem 1. Kongruenzsatze kongruent, folglich ist $A_1B_2 \equiv A_1B_1$, und die Halbierende des $\sphericalangle B_2A_1B_1$ ist die Mittelsenkrechte zu $B_1B_2$. Auf dieser muß nach Satz 77a die Gerade $PQ$ senkrecht stehen. Verfährt man nun mit $C$ wie soeben mit $B$, dann erhält man $C_2$ auf der Halbgeraden $A_1B_2$ und demnach die gleiche Winkelhalbierende, auf der die Gerade $PR$ senkrecht steht, daher fallen die Geraden $PQ$ und $PR$ zusammen. Das gilt nun für jeden weiteren Streckenmittelpunkt und damit ist der Satz bewiesen *). Den Ort der Streckenmitten $P, Q, R, \ldots$ bezeichnen wir weiterhin als die „Hjelmslevsche Mittellinie".

**80.** Auf zwei Überparallelen seien zwei gleichsinnig kongruente Punktreihen gegeben. Man legt sie durch eine h. Bewegung mit dem Symmetriepunkte der Trägergeraden auf $M$ und erhält dabei nach Satz 64f die e. parallelen Lagen $g$ und $g_1$, Fig. 48. Den Endpunkten $S$ und $T_1$ ihres gemeinsamen Lotes entsprechen die Punkte $S_1$ und $T$. Da die Strecken $SS_1$ und $TT_1$ und damit auch ihre h. Mittelpunkte $P$ und $Q$ (absolut) spiegelbildlich zu $M$ liegen, läuft die Hjelmslevsche Mittellinie $PQ$ durch $M$. Das ist der Beweis des Satzes

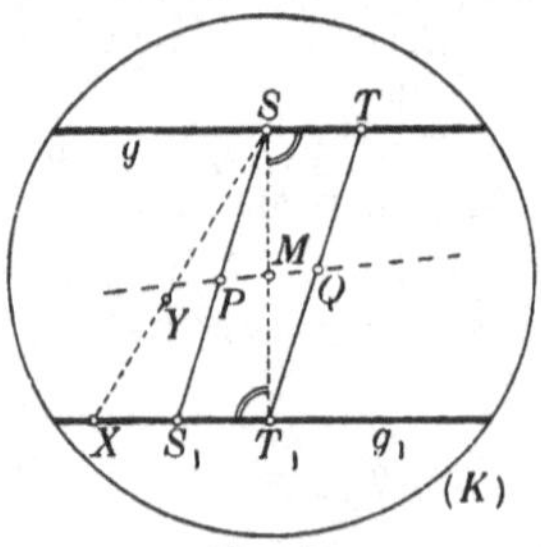

Fig. 48.

a) Sind in der h. Geometrie auf zwei Überparallelen die kongruenten gleichsinnigen Punktreihen $g(A, B, C, \ldots)$ und $g_1(A_1, B_1, C_1, \ldots)$ gegeben, dann läuft deren Hjelmslevsche Mittellinie durch den Symmetriepunkt von $g$ und $g_1$.

Man erkennt sofort, daß in den kongruenten Punktreihen die h. Mittelpunkte $H$ und $H_1$ der Strecken $ST$ und $S_1T_1$ einander entsprechen und daß $M$ der Mittelpunkt der Strecke $HH_1$ ist. Auf

*) Der Beweis gilt, wie man sich leicht überzeugt, unverändert auch dann, wenn die Geraden $g$ und $g_1$ sich schneiden und die Punkte $A, B, C, A_1, B_1, C_1$ irgendwie zum Schnittpunkte liegen.

den soeben abgeleiteten Satz hätte man auch aus dieser Tatsache schließen können.

$X$ sei ein von $S_1$ und $T_1$ verschiedener Punkt von $g_1$ (Fig. 48) und $Y$ der h. Mittelpunkt der Strecke $SX$. Da $M$ und $P$ die h. Mittelpunkte von $ST_1$ und $SS_1$ sind, folgt aus Satz 77b, daß $MP$ und $MY$ auf verschiedenen Geraden liegen. D. h. in der hyperbolischen Geometrie gilt der Satz:

b) Hat man auf $g_1$ zwei verschiedene Punktreihen $g_1\,(A_1, B_1, C_1, \ldots)$ und $g_1\,(A_2, B_2, C_2, \ldots)$, die beide der Punktreihe $g\,(A, B, C, \ldots)$ auf der zu $g_1$ überparallelen Geraden $g$ gleichsinnig kongruent sind, dann können die beiden zugehörigen Hjelmslevschen Mittellinien nicht zusammenfallen.

**81.** Auf zwei Überparallelen seien zwei gegensinnig kongruente Punktreihen gegeben. Entsprechen in diesen die Endpunkte des gemeinsamen Lotes der Trägergeraden einander, dann gilt der Satz 78a; entsprechen einander diese Endpunkte nicht, und das sei jetzt vorausgesetzt, dann existiert nach Satz 79a eine Hjelmslevsche Mittellinie. Wir legen wieder, wie in Nr. 80, die Trägergeraden durch eine h. Bewegung so, daß ihr Symmetriepunkt auf $M$ fällt (Fig. 49). Die h. Mittelpunkte $P$ und $Q$ der Strecken $SS_1$ und $TT_1$ können nicht im Schnittpunkte der beiden Strahlen zusammenfallen, da sonst Satz 78a gelten würde. $SS_1$ und $TT_1$, damit auch $P$ und $Q$ liegen (absolut) symmetrisch zur e. Mittelparallelen von $g$ und $g_1$, demnach ist die Hjelmslevsche Mittellinie $PQ$ e. parallel zu $ST_1$. Dem h. Mittelpunkte $H$ von $ST$ entspricht der h. Mittelpunkt $H_1$ von $S_1T_1$, und da die Strecke $HH_1$ ebenfalls e. parallel zu $ST_1$ ist, kann deren h. Mittelpunkt nur dann auf der Geraden $PQ$ liegen, wenn diese Gerade die Punkte $H$ und $H_1$ enthält. D. h.

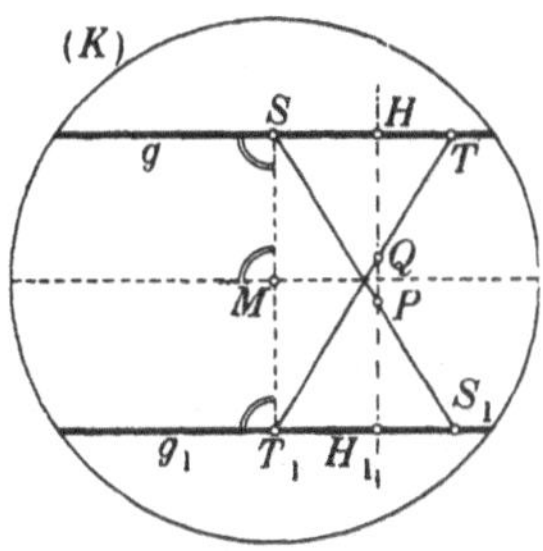


Fig. 49.

a) Sind in der h. Geometrie zwei gegensinnig kongruente Punktreihen $g(A, B, C, \ldots)$ und $g_1(A_1, B_1, C_1, \ldots)$ auf zwei Überparallelen gegeben und entsprechen einander nicht die Endpunkte $S$ und $T_1$ des gemeinsamen Lotes der beiden Geraden, dann trifft die Hjelmslevsche Mittellinie die beiden Geraden in den Mittelpunkten der Strecken $ST$ und $S_1T_1$. Diese Mittellinie enthält den Symmetriepunkt der beiden Geraden nicht. Errichtet man zum gemeinsamen Lote der beiden Geraden im Symmetriepunkte die Senkrechte, dann steht auf dieser die Mittellinie senkrecht.

Da eine Strecke $T_1 S_2$ auf $g_1$ einen anderen Mittelpunkt als $T_1S_1$ hat (wenn $S_1$ und $S_2$ voneinander verschieden sind), folgt aus dem soeben abgeleiteten Satze sofort der Satz

b) Hat man auf $g_1$ zwei verschiedene Punktreihen $g_1$ $(A_1, B_1, C_1, \ldots)$ und $g_1$ $(A_2, B_2, C_2, \ldots)$, die beide der Punktreihe $g(A, B, C, \ldots)$ kongruent sind, und sind in beiden Fällen die Voraussetzungen des Satzes 79a erfüllt, dann können die beiden Hjelmslevschen Mittellinien nicht zusammenfallen.

## Fundamentalkonstruktionen.

82. Zahlreiche bekannte Konstruktionen der e. Geometrie gelten auch in der h. Geometrie, da sie nur Sätze der absoluten Geometrie verwenden, z. B. die Sätze von Nr. 34. Im folgenden sollen drei fundamentale, für die h. Geometrie charakteristische Konstruktionen behandelt werden, nämlich die Konstruktion des gemeinsamen Lotes zweier Überparallelen, die Konstruktion von $\Pi(\mathfrak{a})$ bei gegebenem $\mathfrak{a}$ und die von $\mathfrak{b}$ bei gegebenem $\Pi(\mathfrak{b})$.

Aus den Sätzen 80a und 80b ergibt sich ohne weiteres folgende Konstruktion des gemeinsamen Lotes zweier Überparallelen:

a) Man findet in der h. Geometrie den Symmetriepunkt zu zwei gegebenen Überparallelen $g$ und $g_1$ dadurch, daß man zunächst eine Strecke $AB$ auf $g$ und eine ihr gleichsinnig kongruente Strecke $A_1B_1$ auf $g_1$ annimmt und die Verbindungsgerade der Mittelpunkte der Strecken $AA_1$ und $BB_1$ zeichnet; dasselbe wiederholt man mit der Strecke $AB$ und einer zweiten ihr gleichsinnig kongruenten Strecke auf $g_1$. Der Schnittpunkt der beiden erhaltenen, sicher nicht zusammenfallenden Verbindungsgeraden ist der Symmetriepunkt von $g$ und $g_1$. Das aus dem Symmetriepunkt auf $g$ (oder $g_1$) gefällte Lot ist das gemeinsame Lot von $g$ und $g_1$.

**83.** Zur Konstruktion des Parallelwinkels bei gegebenem Abstande gelangt man auf folgende Weise:

Ist in der h. Geometrie ein Punkt außerhalb einer Geraden gegeben und sucht man durch den Punkt die Randparallelen zur Geraden, dann denkt man sich, wieder das Prinzip der speziellen Lage anwendend, Punkt und Gerade durch eine h. Bewegung so gelegt, daß der Punkt auf $M$ fällt. $g$ sei dann in Fig. 50 die Lage der Geraden. Aus der unmittelbar ersichtlichen Gleichheit der Doppelverhältnisse $(MAUV) = (M_1A_1UV_1)$ folgt die h. Kongruenz der Strecken $MA$ und $M_1A_1$. Die in der Figur angegebenen (absolut) rechten Winkel liefern nun folgende K o n s t r u k t i o n v o n $\Pi(\mathfrak{a})$ b e i g e g e b e n e m $\mathfrak{a}$:

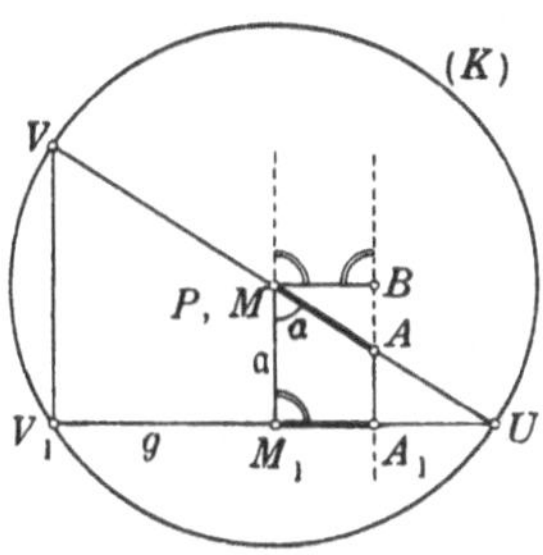


Fig. 50.

a) Sind in der h. Geometrie ein Punkt $P$ und eine Gerade $g$ gegeben, so findet man die zu $g$ randparallelen Geraden durch $P$ folgendermaßen: man fällt von $P$ auf $g$ das Lot $PM_1$, dann von einem von $M_1$ verschiedenen Punkt $A_1$ von $g$ aus das Lot $A_1B$ auf die Senkrechte in $P$ zu $M_1P$; nun beschreibt man um $P$ als Mittelpunkt den Kreis, dessen Radius gleich $M_1A_1$ ist; er trifft die Gerade $A_1B$ in zwei Punkten $A$, die zusammen mit $P$ die gesuchten Randparallelen zu $g$ bestimmen. Zugleich ist damit, wenn $\mathfrak{a}$ die h. Länge des Lotes $PM_1$ bezeichnet, der Parallelwinkel $\Pi(\mathfrak{a}) = \alpha$ konstruiert.

**84.** Der dritten der gesuchten Konstruktionen, welche in Umkehrung der soeben gelösten Aufgabe die Angabe von $\mathfrak{b}$ zu gegebenem $\Pi(\mathfrak{b})$ verlangt, müssen wir den Beweis eines Hilfssatzes vorausschicken. $ABC$ sei ein h., bei $C$ rechtwinkliges Dreieck, Fig. 51, und $\beta = \Pi(\mathfrak{b})$ der zur Strecke $\mathfrak{b} = AC$ gehörende Parallelwinkel. Man kann nun sofort ein Viereck $DEFG$ mit der Seite $DE = AB$ konstruieren, in welchem $\sphericalangle D = \beta$ ist, während die übrigen drei Winkel rechte Winkel sind*), indem man in $D$ und $E$ die Winkel anträgt und zu deren freien Schenkeln nach 82a das gemeinsame Lot $FG$ konstruiert**). Für dieses Viereck gilt der Satz

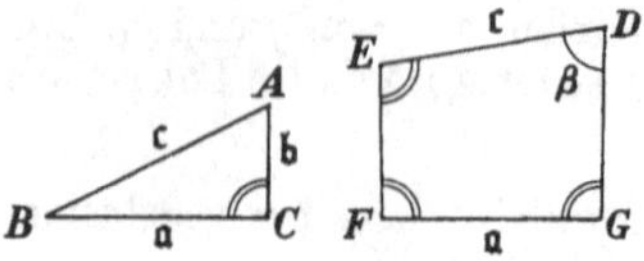

Fig. 51.

a) Sind in der h. Geometrie $\mathfrak{a}$, $\mathfrak{b}$, $\mathfrak{c}$ die beiden Katheten und die Hypotenuse eines rechtwinkligen Dreiecks, und konstruiert man ein Viereck $DEFG$ so, daß es bei $E, F, G$ rechtwinklig ist, daß ferner $\sphericalangle D = \Pi(\mathfrak{b})$ und $DE = \mathfrak{c}$ ist, dann ist $FG = \mathfrak{a}$***).

Den Beweis führen wir wieder mittels des Prinzips der speziellen Lage: In Fig. 52 sei das Dreieck $ABC$ mit seiner Ecke $B$ auf $M$ gelegt. $UV$ sei die Gerade, die zur Halbgeraden $BA$ randparallel und zu dem auf $BC$ in $B$ errichteten Lot senkrecht ist; ihr Schnittpunkt mit diesem (23c) sei $E$. Sie schneidet auch

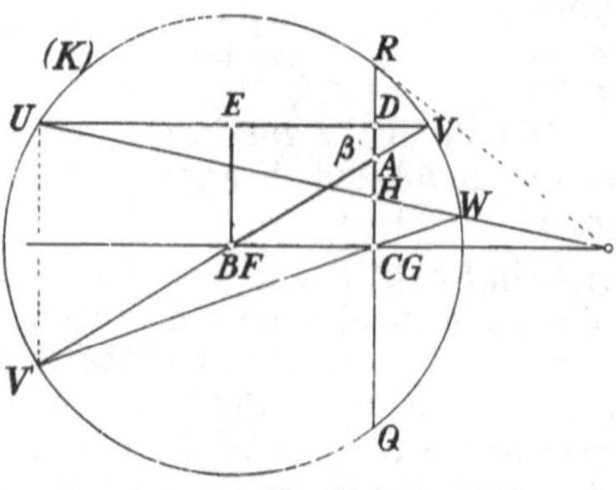

Fig. 52.

*) Ein h. Viereck mit drei rechten Winkeln heißt nach Liebmann [8] „Spitzeck". Schon Lambert ging bei seinen Untersuchungen (vgl. unsere Nr. 8) von solchen Vierecken aus.

**) Die freien Schenkel sind überparallel, weil Satz 26 g zufolge $\mathfrak{c} > \mathfrak{b}$ und daher nach Gl. (74,1) $\Pi(\mathfrak{c}) < \Pi(\mathfrak{b})$ ist.

***) Lobatschefskij sprach in diesem Fall von „zugeordneten Figuren".

die Gerade $CA$ innerhalb von $(K)$; der Schnittpunkt sei $D$. So entsteht ein dreirechtwinkliges Viereck $DEFG$ mit dem h. spitzen Winkel $\beta$ bei $D$, das die Seite $BC = FG = \mathfrak{a}$ und einen rechten Winkel mit dem Dreieck gemein hat. Nach (83a) sind $AB = \mathfrak{c}$ und $DE$ kongruent. Nun werde h. senkrecht zu $CD$ die Gerade $UW$ gezogen; ihr Schnittpunkt mit $QCDR$ (23e) sei $H$. Weil sie randparallel zu $DE$ ist, muß $\beta = \Pi\,(DH)$ sein. Da $V'$, der Spiegelpunkt von $V$ an $B = M$, und $W$ h. symmetrisch zu $U$ bezüglich der zueinander lotrechten Achsen $BC$ und $CD$, somit nach (60g) auch h. spiegelbildlich in bezug auf deren Schnittpunkt $C$ liegen, sind $V'$, $C$ und $W$ Punkte einer Geraden. Daraus folgt aber, weil die Strahlbüschel $U\,(QVWR)$ und $V'\,(QVWR)$ projektiv sind*), die Gleichheit der Doppelverhältnisse $(QDHR)$ und $(QACR)$; d. h. $DH$ und $AC = \mathfrak{b}$ sind h. kongruent. Folglich gilt $\beta = \Pi\,(\mathfrak{b})$.

Damit ist der Satz bewiesen.

**85.** Es sei nun in der h. Geometrie ein $\sphericalangle\,\beta$ gegeben. Dann kann man immer eine Strecke $\mathfrak{c}$ so angeben, daß $\Pi(\mathfrak{c}) < \beta$ ist; denn nimmt man eine Strecke $\mathfrak{c}_1$ an, dann ist der zugehörige Parallelwinkel $\gamma_1$ nach Gl. (74,1) durch $\operatorname{cotg}\frac{1}{2}\gamma_1 = e^{\mathfrak{c}_1}$ bestimmt, zur Strecke $\mathfrak{c}_n = n\cdot\mathfrak{c}_1$ gehört der Parallelwinkel $\gamma_n$, für den $\operatorname{cotg}\frac{1}{2}\gamma_n = (\operatorname{cotg}\frac{1}{2}\gamma_1)^n$ ist, wobei $\frac{1}{2}\gamma_1 < \frac{1}{4}\pi$; da es nun nach dem Archimedischen Axiom immer ein $n$ derart gibt, daß $n\cdot\ln\operatorname{cotg}\frac{1}{2}\gamma_1 > \ln\operatorname{cotg}\frac{1}{2}\beta$ und daher $\operatorname{cotg}\frac{1}{2}\gamma_n = (\operatorname{cotg}\frac{1}{2}\gamma_1)^n > \operatorname{cotg}\frac{1}{2}\beta$, also $\frac{1}{2}\gamma_n < \frac{1}{2}\beta$ ist, so ist $\mathfrak{c}_n = \mathfrak{c} = n\cdot\mathfrak{c}_1$ eine Strecke der gesuchten Art.

Sind nun in der h. Geometrie zwei Halbgerade $g_1$, $g_2$ mit gemeinsamem Endpunkt $P$ gegeben und kennt man den Wert $\mathfrak{b}$, für welchen $\beta = \Pi(\mathfrak{b})$ die Hälfte des $\sphericalangle\,(g_1, g_2)$ ist, dann findet man die zu $g_1$ und $g_2$ randparallele Gerade, indem man zur Halbierenden des $\sphericalangle\,(g_1, g_2)$ im Abstande $\mathfrak{b}$ von $P$ das Lot errichtet. Daher brauchen wir zur Ausführung der dritten der geforderten Fundamentalkonstruktionen nur noch zu $\beta$ die Strecke $\mathfrak{b}$ zu konstruieren. Daraus folgt nun nach dem Satze

*) Das ergibt sich aus einem bekannten Satz der projektiven Geometrie; hier sind die Büschel nach dem Satz vom Peripheriewinkel im e. Kreis sogar e. kongruent.

84a und dem 1. Absatze der vorliegenden Nr. folgende Konstruktion des Abstandes $\mathfrak{b}$ bei gegebenem Parallelwinkel $\beta = \Pi(\mathfrak{b})$:

a) Man konstruiert zu einem gegebenen Winkel $\beta$ mit dem Scheitel $D$ die vermöge $\beta = \Pi(\mathfrak{b})$ zugehörige Strecke $\mathfrak{b}$, indem man zunächst auf dem einen Schenkel von $\sphericalangle \beta$ eine Strecke $DE = \mathfrak{c}$ so annimmt, daß die Senkrechte zu diesem Schenkel in $E$ und der andere Schenkel überparallel sind. Das gemeinsame Lot dieser Überparallelen (Konstruktion 82a) habe die Länge $\mathfrak{a}$. Nun konstruiert man ein rechtwinkliges Dreieck mit der einen Kathete $BC = \mathfrak{a}$ und der Hypotenuse $AB = \mathfrak{c}$*); die zweite Kathete $AC$ dieses Dreiecks ist die gesuchte Strecke $\mathfrak{b}$.

Der bemerkenswerte Satz 84a stammt von Lobatschefskij, während 83a im Anschluß an Lobatschefskij von H. Liebmann gefunden wurde. Von 83a und 85a verschiedene Lösungen derselben Aufgaben stammen von J. Bolyai. In Liebmann [8] findet man S. 36/37 auch die, nicht ganz einfache, Konstruktion eines h. Dreiecks aus seinen drei Winkeln, nach der man im Anschluß an den 5. Kongruenzsatz (70a) naturgemäß fragen wird**).

### Merkwürdige Punkte des Dreiecks.

**86.** Der Mittelpunkt des Inkreises eines Dreiecks existiert nach Satz 27f in der h. wie in der e. Geometrie, er ist nach Satz 27e der Schnittpunkt der Halbierenden der Dreieckswinkel. Legt man durch eine h. Bewegung ein Dreieck mit dem Mittelpunkte seines Inkreises auf $M$, Fig. 53, dann werden nach Satz 60e die h. Winkelhalbierenden gleichzeitig die e. Winkelhalbierenden. Aus den Sätzen 60a und 23k folgt, daß dann auch die h. Halbierenden der Außenwinkel des so gelegten

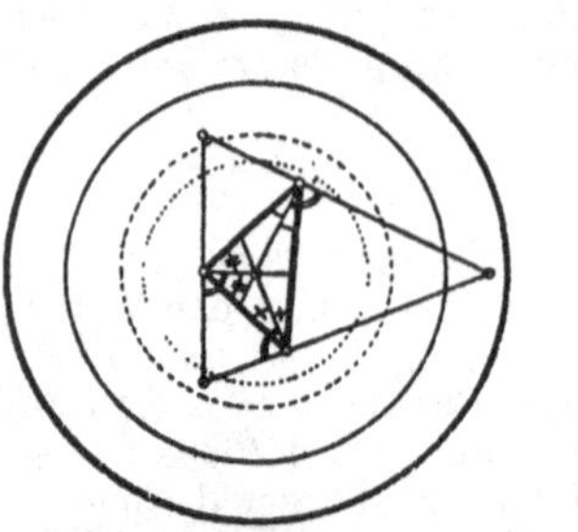

Fig. 53.

*) Indem man das in $C$ zu $BC$ errichtete Lot in $A$ mit dem Kreise schneidet, der den Mittelpunkt $B$ und den Halbmesser $\mathfrak{c}$ hat (Satz 34a).

**) Hierzu vergleiche man auch M. Großmann, Die Konstruktion des geradlinigen Dreiecks der nichteuklidischen Geometrie aus den drei Winkeln. Math. Ann. 58 (1904), S. 578—582. Zu 83a vgl. Schur [12] S. 101.

Dreiecks gleichzeitig deren e. Halbierende sind. Schneiden sich zwei solche e. Halbierende innerhalb (*K*), dann ist deren Schnittpunkt der Mittelpunkt eines dem Dreieck anbeschriebenen h. Kreises. Es gilt nun der Satz

a) In der h. Geometrie hat jedes Dreieck einen Inkreis; die Zahl der Ankreise eines Dreiecks kann 0, 1, 2 oder 3 betragen.

Der noch fehlende Beweis des zweiten Teiles dieses Satzes ergibt sich ohne weiteres aus Fig. 53: wählt man zu dem gezeichneten Dreieck der Reihe nach die vier konzentrischen Kreise als Randkreise, dann treten die vier Fälle des Satzes ein.

**87.** Es ist nach Nr. 6d zu erwarten, daß es in der h. Geometrie nicht zu jedem Dreieck einen Umkreis gibt. Nimmt man z. B. zwei überparallele Gerade $m_a$ und $m_b$ an, Fig. 54, fällt man außerdem die Lote *MP* und *MQ* auf sie und macht man *PA* und *MP* sowie *QB* und *MQ* h. gleich, dann sind $m_a$ und $m_b$ zwei Mittelsenkrechte des Dreiecks *AMB* und nach Satz 23g kann es zu diesem Dreieck keinen Umkreis geben. Dagegen gilt, wie man aus dem soeben herangezogenen Satz ohne weiteres erkennt, der Satz

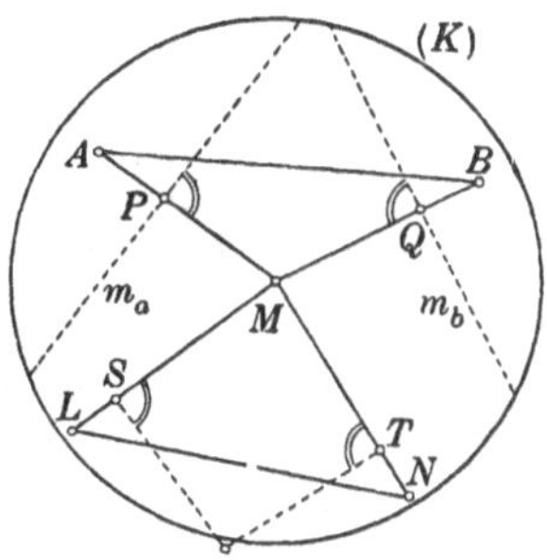

Fig. 54.

a) Schneiden sich in der h. Geometrie zwei Mittelsenkrechte der Seiten eines Dreiecks, dann geht auch die dritte Mittelsenkrechte durch diesen Punkt hindurch.

In Fig. 54 schneiden sich die h. Mittelsenkrechten der Strecken *LM* und *MN* h. nicht; das erreicht man dadurch, daß man *S* und *T* so annimmt, daß die Lote auf *MS* in *S* und auf *MT* in *T* sich außerhalb von (*K*) schneiden, durch *S* und *T* sind aber *L* und *N*, wie oben gezeigt, bestimmt. Das △ *LMN* hat nach den Sätzen 61a und 60a lauter h.

spitze Winkel. Andererseits zeigt Fig. 55 ein h. stumpfwinkliges Dreieck mit (e. und h.) Umkreis. D. h.

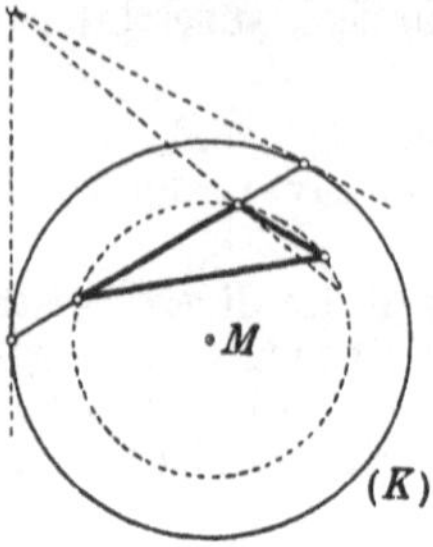

Fig. 55.

b) Es gibt in der h. Geometrie spitzwinklige Dreiecke ohne Umkreis und stumpfwinklige mit Umkreis*).

J. Bolyais Vater, W. Bolyai, der jahrzehntelang vergebens um einen Beweis des Euklidischen Parallelenaxioms kämpfte, hat unter verschiedenen anderen dem Axiom äquivalenten Aussagen auch die Aussage 6 d gefunden.

88. $ABC$ sei ein h. Dreieck und $H$ der Schnittpunkt von zwei seiner Höhen. Legt man durch eine h. Bewegung das Dreieck so, daß $H$ auf $M$ fällt, dann sind nach Satz 60a in der neuen Lage die h. Höhen gleichzeitig die e. Höhen des Dreiecks, und wie diese schneiden sich auch die drei h. Höhen in einem Punkte.

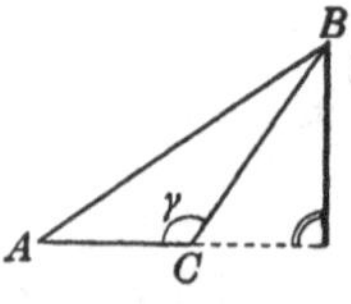

Fig. 56.

$ABC$ sei ein h. Dreieck, dessen von $B$ ausgehende Höhe außerhalb des Dreiecks verläuft, Fig. 56. Dann folgt aus Satz 26a, daß $\sphericalangle\ ACB$ stumpf ist. Daraus und aus dem Axiom A 6 (Nr. 17) ergibt sich dann sofort, daß sich auch in der h. Geometrie im spitzwinkligen Dreieck irgend zwei Höhen innerhalb des Dreiecks schneiden. Dies gibt zusammengefaßt folgenden Satz:

a) Schneiden sich in der h. Geometrie zwei Höhen eines Dreiecks in einem Punkte, dann läuft durch ihn auch die dritte Höhe. Beim spitzwinkligen Dreieck existiert der Höhenschnittpunkt immer, und zwar innerhalb des Dreiecks, beim rechtwinkligen Dreieck fällt er in den Scheitel des rechten Winkels. Es gibt stumpfwinklige Dreiecke mit und

*) Besitzt ein Dreieck der h. Ebene keinen eigentlichen Umkreis, so liegen seine Ecken auf einer Abstandslinie oder einem Grenzkreis; die Mittellote seiner Seiten haben dann ein gemeinsames Lot oder ein gemeinsames Ende.

solche ohne Höhenschnittpunkt*); er liegt bei den ersteren außerhalb des Dreiecks.

Beispiele für stumpfwinklige Dreiecke mit und ohne Höhenschnittpunkt kann man sich nach dem Bisherigen ohne weiteres bilden.

**89.** In der e. Geometrie gilt der bekannte Satz, daß die Höhen im spitzwinkligen Dreieck die Winkel des Höhenfußpunktdreiecks halbieren. Legt man ein h. spitzwinkliges Dreieck durch eine h. Bewegung mit seinem h. Höhenschnittpunkt auf $M$, dann sind (Nr. 88) in der neuen Lage die h. Höhen auch die e. Höhen des Dreiecks, und die von diesen nach dem erwähnten Satze halbierten Winkel werden nach Satz 60e auch h. halbiert. Damit ist der Satz bewiesen:

a) In der h. Geometrie sind die Höhen im spitzwinkligen Dreieck gleichzeitig die Winkelhalbierenden des Höhenfußpunktdreiecks.

Liegt ein h. stumpfwinkliges Dreieck vor und legt man es mit dem Scheitel des stumpfen Winkels auf $M$, dann liest man ebenso folgenden h. Satz aus dem gleichen Satz der e. Geometrie ab:

b) In der h. Geometrie ist die vom stumpfen Winkel eines stumpfwinkligen Dreiecks ausgehende Höhe Winkelhalbierende des Höhenfußpunktdreiecks, während die beiden anderen Höhen Außenwinkel des Höhenfußpunktdreiecks halbieren.

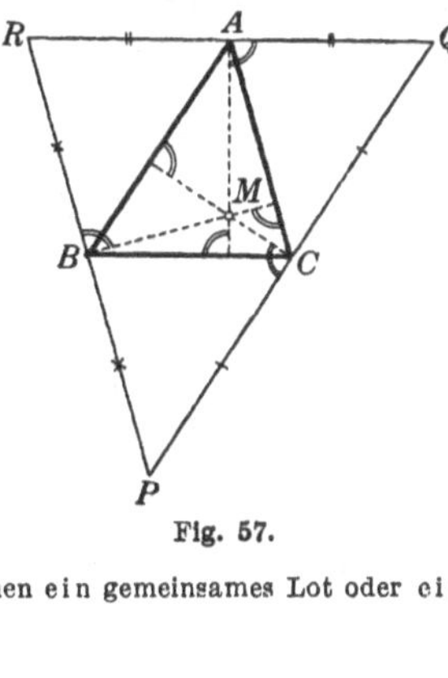

Fig. 57.

**90.** Legt man ein h. spitzwinkliges Dreieck mit seinem Höhenschnittpunkt auf $M$, dann erkennt man aus der Fig. 57, daß die mit Doppelbogen bezeichneten Winkel absolut rechte Winkel sind (Satz 60a)

*) In diesem Fall besitzen die drei Höhen ein gemeinsames Lot oder ein gemeinsames Ende.

und daß die gleich bezeichneten Strecken absolut gleich sind (Satz 60b). Dies ist der Beweis des Satzes

a) Zeichnet man in der h. Geometrie in den Ecken eines spitzwinkligen $\triangle$ $ABC$ die Senkrechten zu den Höhen des Dreiecks und bilden diese drei Geraden ein $\triangle$ $PQR$*), dann sind die Höhen des $\triangle$ $ABC$ die Mittelsenkrechten der Seiten des $\triangle$ $PQR$, und daher ist der Höhenschnittpunkt von $\triangle$ $ABC$ der Mittelpunkt des Umkreises von $\triangle$ $PQR$.

Fig. 57 ist die Figur des bekannten, sehr einfachen Gaußschen Beweises für den e. Höhenschnittpunktsatz, der diesen auf den Satz vom Schnittpunkt der Mittelsenkrechten zurückführt. Dabei wird das Euklidische Parallelenaxiom verwendet. Es gibt aber einen schönen Beweis von Ch. Gudermann für den Höhenschnittpunktsatz**), der sich unschwer so fassen läßt, daß er unabhängig vom Parallelenaxiom den ersten Satz von 88a liefert, der in der absoluten Geometrie gilt. Der Satz vom Höhenschnittpunkt findet sich bei Euklid noch nicht, er stammt wahrscheinlich von Archimedes***).

**91.** Aus der projektiven Geometrie ist die Figur des vollständigen Vierseits bekannt, Fig. 58, mit der harmonischen Haupteigenschaft $(ABDE) = -1$. Hält man darin die Punkte $A$, $B$, $C$, $P$ fest, während $E$ ins

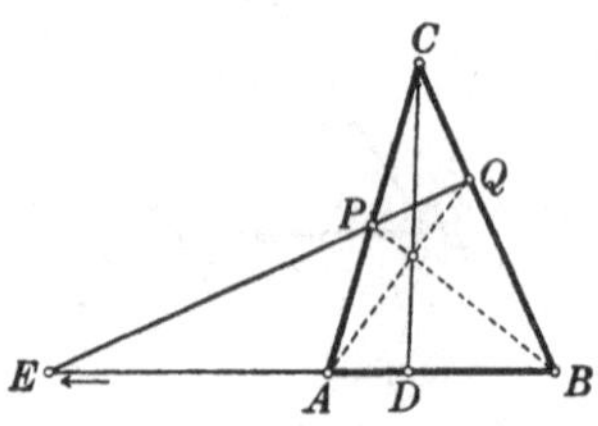


Fig. 58.

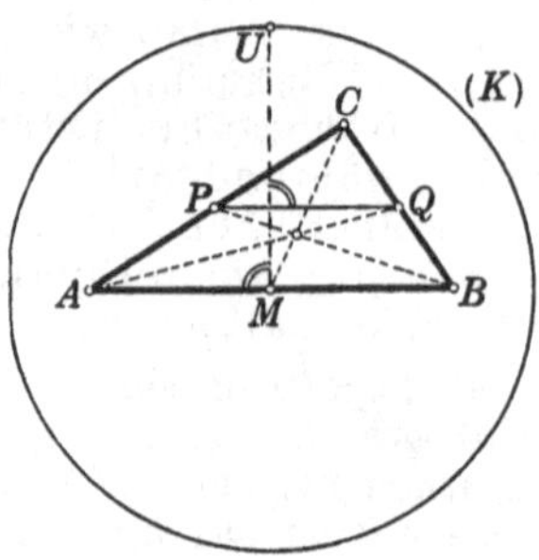


Fig. 59.

*) Dies braucht nicht der Fall zu sein, da die Punkte $P$, $Q$, $R$ nicht innerhalb $(K)$ zu liegen brauchen.

**) Vgl. R. Baltzer, „Elemente der Mathematik", 2. Bd., 6. Aufl., 1883. 887 S., insbes. S. 41.

***) Näheres hierüber bei Tropfke [14], S. 221.

Unendliche rückt, dann wird, e. gesprochen, $D$ Mittelpunkt der Strecke $AB$, und $PQ$ parallel zu $AB$. Daraus folgt der in der e. Geometrie geltende Satz

a) Fällt man von einem Punkte $P$ der Seite $AC$ eines $\triangle ABC$ das Lot auf die Mittelsenkrechte der Seite $AB$, dann schneidet dieses Lot die Seite $BC$ in einem Punkte $Q$, und die Strecken $AQ$ und $BP$ schneiden sich in einem Punkte der Strecke, welche $C$ mit dem Mittelpunkte von $AB$ verbindet.

Legt man nun ein h. Dreieck durch eine h. Bewegung so, daß der h. Mittelpunkt der Seite $AB$ auf $M$ fällt, dann ist, Fig. 59, $M$ absoluter Mittelpunkt von $AB$ (Satz 60c), $CM$ absolute Mittellinie des Dreiecks, $MU$ absolute Mittelsenkrechte und $PQ$ absolutes Lot zu $MU$. Daher folgt aus der e. Gültigkeit des Satzes a) dessen Gültigkeit in der h. und folglich auch in der absoluten Geometrie.

Ist nun $P$ der h. Mittelpunkt von $AC$, dann ist nach Satz 77a auch $Q$ der Mittelpunkt von $BC$, und es ergibt sich aus dem soeben bewiesenen h. Satz a) als Spezialfall der, wieder in der absoluten Geometrie geltende Satz

b) In jedem Dreieck schneiden sich die Verbindungslinien der Ecken mit den Mittelpunkten der Gegenseiten in einem Punkte.

Der Satz der e. Geometrie, daß der Schnittpunkt der Mittellinien eines Dreiecks diese im Verhältnis 1 : 2 teilt, gilt in der h. Geometrie nicht, ebensowenig der Eulersche Satz der e. Geometrie, nach dem Höhenschnittpunkt, Mittelpunkt des Umkreises und Schnittpunkt der Mittellinien in einer Geraden liegen*).

Hat ein h. Dreieck einen Umkreis, dann legt man dessen Mittelpunkt durch eine h. Bewegung auf $M$, und in der neuen Lage sind die e. Mittellinien des Dreiecks zugleich dessen h. Mittellinien, so daß sich hier der Satz b) vom Schnittpunkte der Mittellinien unmittelbar aus der e. in die h. Geometrie übertragen läßt. Bei Dreiecken ohne Umkreis versagt dieser einfache Beweis.

*) R. Baldus, „Über Eulers Dreieckssatz in der absoluten Geometrie", Sitzungsber. d. Heidelberger Akad. d. Wiss., Math.-naturw. Kl. 1929, 11. Abhdlg.

Auch der Satz vom Schnittpunkt der Mittellinien findet sich bei Euklid noch nicht und geht gleichfalls auf Archimedes zurück*).

## Trigonometrie.

**92.** Für die nun folgenden Betrachtungen vergegenwärtigen wir uns drei Tatsachen, s. Fig. 60:

a) Zwischen der e. Länge $a$ einer von $M$ ausgehenden Strecke und ihrer h. Länge $\mathfrak{a}$ besteht nach Gl. (72, 2) die Beziehung

(92, 1) $$a = \mathfrak{Tg}\,\mathfrak{a}.$$

b) Liegt auf einer Sehne von $(K)$ eine Strecke mit der e. Länge $b$ so, daß ihr einer Endpunkt auf den Sehnenmittelpunkt fällt, und ist $a$ deren e. senkrechte Entfernung von $M$, dann ist Satz 72a zufolge, wenn $\mathfrak{b}$ die h. Länge von $b$ ist, $b = \sqrt{1 - a^2}\,\mathfrak{Tg}\,\mathfrak{b}$, und nach den Gln. (92, 1) und (72, 5) gilt

(92, 2) $$b = \mathfrak{Tg}\,\mathfrak{b} : \mathfrak{Cof}\,\mathfrak{a}.$$

c) Läuft der eine Schenkel eines spitzen Winkels $\alpha$ durch $M$ und hat der Scheitel von $M$ die h. Entfernung $\mathfrak{c}$, dann besteht nach Satz 68b und den Gln. (92, 1) und (72, 5) zwischen der e. und der h. Größe des Winkels, $\alpha_e$ und $\alpha_h = \alpha$, der Zusammenhang

(92, 3) $$\operatorname{tg} \alpha_e = \operatorname{tg} \alpha\, \mathfrak{Cof}\,\mathfrak{c}.$$

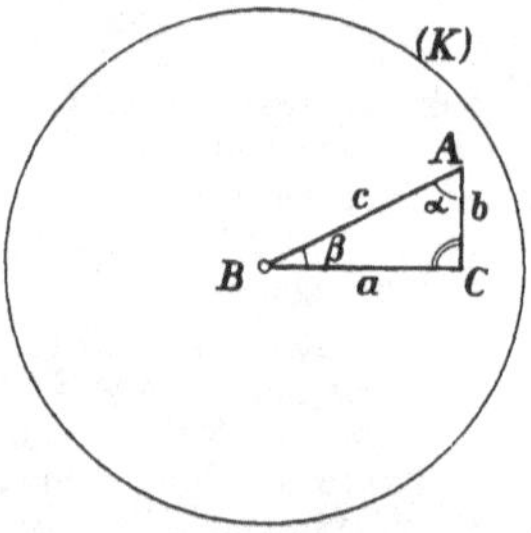


Fig. 60.

**93.** Die soeben angegebenen drei Beziehungen gestatten nun vermittels des Prinzips der speziellen Lage in einfachster Weise die Ableitung der h. trigonometrischen Formeln, zunächst für das rechtwinklige Dreieck.

Ein h. rechtwinkliges Dreieck können wir uns immer durch eine h. Bewegung mit dem Scheitel eines seiner spitzen Winkel auf $M$ gelegt denken, Fig. 60.

---

*) Vgl. hierzu Tropfke [14], S. 219.
Einen planimetrischen Beweis, der das e. Parallelenaxiom nicht voraussetzt, bringt u. a. das in der 3. Fußnote zu Nr. 60 zitierte Buch von F. Bach-

Aus dem Pythagoreischen Lehrsatz $a^2 + b^2 = c^2$ folgt vermöge Gl. (92, 1), die auch für $c$ und $\mathfrak{c}$ gilt, und (92, 2) $\mathfrak{Tg}^2\,\mathfrak{a} + \mathfrak{Tg}^2\,\mathfrak{b} : \mathfrak{Cof}^2\,\mathfrak{a} = \mathfrak{Tg}^2\,\mathfrak{c}$ oder wegen (72, 5), 2. Gl., $1 - 1 : \mathfrak{Cof}^2\,\mathfrak{a} + 1 : \mathfrak{Cof}^2\,\mathfrak{a} - 1 : \mathfrak{Cof}^2\,\mathfrak{b}\,\mathfrak{Cof}^2\,\mathfrak{a} = 1 - 1 : \mathfrak{Cof}^2\,\mathfrak{c}$; da nach Nr. 72 alle hier auftretenden Hyperbelfunktionen positive Werte haben, gilt also

(93, 1) $\quad \mathfrak{Cof}\,\mathfrak{a} \cdot \mathfrak{Cof}\,\mathfrak{b} = \mathfrak{Cof}\,\mathfrak{c}. \quad$ (H., K., K.)*)

An Hand der Figur findet man ohne weiteres nach (92, 1 u. 2) $\operatorname{tg}\beta = (\mathfrak{Tg}\,\mathfrak{b} : \mathfrak{Cof}\,\mathfrak{a}) : \mathfrak{Tg}\,\mathfrak{a}$ oder

(93, 2) $\quad \mathfrak{Sin}\,\mathfrak{a} \cdot \operatorname{tg}\beta = \mathfrak{Tg}\,\mathfrak{b}. \quad$ (K., K., W.)

Ferner liest man, wenn man wieder (92, 1) auch auf $c$ und $\mathfrak{c}$ anwendet, aus der Figur ab: $\sin\beta = (\mathfrak{Tg}\,\mathfrak{b} : \mathfrak{Cof}\,\mathfrak{a}) : \mathfrak{Tg}\,\mathfrak{c}$; hieraus folgt wegen (93, 1) $\sin\beta\ \mathfrak{Sin}\,\mathfrak{c} = \mathfrak{Sin}\,\mathfrak{b}$. Da die Katheten $\mathfrak{a}$ und $\mathfrak{b}$ zugleich mit den Winkeln $\alpha$ und $\beta$ vertauschbar sind, hat man auch

(93, 3) $\quad \sin\alpha \cdot \mathfrak{Sin}\,\mathfrak{c} = \mathfrak{Sin}\,\mathfrak{a}. \quad$ (H., K., g. W.)

Ohne weiteres läßt sich nach (92, 1) anschreiben: $\cos\beta\ \mathfrak{Tg}\,\mathfrak{c} = \mathfrak{Tg}\,\mathfrak{a}$; gleichermaßen gilt

(93, 4) $\quad \cos\alpha \cdot \mathfrak{Tg}\,\mathfrak{c} = \mathfrak{Tg}\,\mathfrak{b}. \quad$ (H., K., a. W.)

Berücksichtigt man auf der linken Seite der wegen $\alpha_e = \frac{1}{2}\pi - \beta$ geltenden Beziehung $\operatorname{tg}\alpha_e = \operatorname{cotg}\beta$ die Gl. (92, 3), so erhält man

(93, 5) $\quad \operatorname{tg}\alpha \cdot \mathfrak{Cof}\,\mathfrak{c} = \operatorname{cotg}\beta. \quad$ (H., W., W.)

Aus Gl. (93, 2) folgt $\mathfrak{Cof}\,\mathfrak{b} = (\mathfrak{Sin}\,\mathfrak{b} : \operatorname{tg}\beta) : \mathfrak{Sin}\,\mathfrak{a}$, somit bekommt man bei zweimaliger Anwendung von (93, 3) $\mathfrak{Cof}\,\mathfrak{b} = (\mathfrak{Sin}\,\mathfrak{c}\,\sin\beta : \operatorname{tg}\beta) : \mathfrak{Sin}\,\mathfrak{c}\,\sin\alpha$, d. h.

(93, 6) $\quad \sin\alpha \cdot \mathfrak{Cof}\,\mathfrak{b} = \cos\beta. \quad$ (K., W., W.)

Sind von den 5 Stücken eines h. rechtwinkligen Dreiecks — Hypotenuse, 2 Katheten, 2 spitze Winkel — irgend zwei

mann, S. 74; vgl. auch die Notiz über einige Dreieckssätze der absoluten Geometrie in den Monatsheften f. Math. 67 (1963), S. 101—103.

*) Bedeutung der Abkürzungen: H. = Hypotenuse, K. = Kathete, W. = Winkel, a. = anliegend, g. = gegenüberliegend.

gegeben, dann kann man mittels der soeben abgeleiteten 6 Gleichungen*) jedes weitere Stück berechnen**).

**94.** Es sei nun ein beliebiges h. Dreieck mit den Seiten $\mathfrak{a}$, $\mathfrak{b}$, $\mathfrak{c}$ gegeben, Fig. 61. Man zeichnet in ihm die Höhe $\mathfrak{h}$ und findet durch zweimalige Anwendung von Gl. (93, 1)

$$\mathfrak{Cof}\,\mathfrak{h} = \mathfrak{Cof}\,\mathfrak{b} : \mathfrak{Cof}\,\mathfrak{c}_1 = \mathfrak{Cof}\,\mathfrak{a} : \mathfrak{Cof}\,\mathfrak{c}_2$$

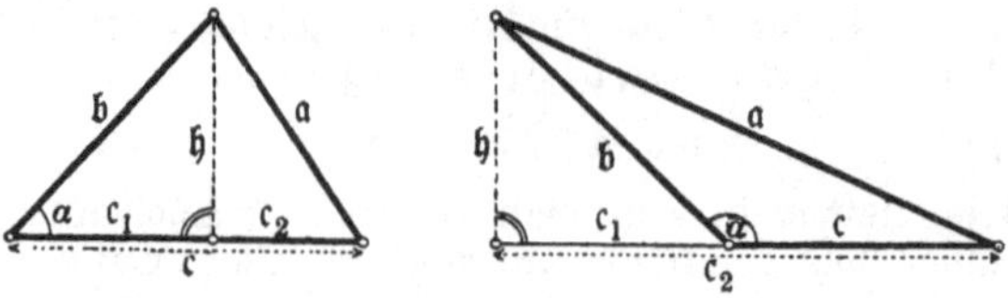


Fig. 61.

und folglich wegen $\mathfrak{c}_2 = \mathfrak{c} \mp \mathfrak{c}_1$, wobei sich das Minuszeichen auf die linke Teilfigur bezieht, das Pluszeichen auf die rechte, mit Verwendung von Gl. (72, 6) $\mathfrak{Cof}\,\mathfrak{a} =$

$$(\mathfrak{Cof}\,\mathfrak{b} : \mathfrak{Cof}\,\mathfrak{c}_1)\cdot\mathfrak{Cof}\,(\mathfrak{c} \mp \mathfrak{c}_1) = \mathfrak{Cof}\,\mathfrak{b}\cdot(\mathfrak{Cof}\,\mathfrak{c} \mp \mathfrak{Sin}\,\mathfrak{c}\cdot\mathfrak{Tg}\,\mathfrak{c}_1).$$

Die Beziehung (93, 4) liefert***) $\mathfrak{Tg}\,\mathfrak{c}_1 = \pm\cos\alpha\,\mathfrak{Tg}\,\mathfrak{b}$ und damit den Kosinussatz der h. Trigonometrie

$$\mathfrak{Cof}\,\mathfrak{a} = \mathfrak{Cof}\,\mathfrak{b}\,\mathfrak{Cof}\,\mathfrak{c} - \mathfrak{Sin}\,\mathfrak{b}\,\mathfrak{Sin}\,\mathfrak{c}\cos\alpha. \qquad (94, 1)$$

Durch gleichzeitige zyklische Vertauschung der Größen $\mathfrak{a}, \mathfrak{b}, \mathfrak{c}$ und $\alpha, \beta, \gamma$ erhält man zwei entsprechende Gleichungen.

*) Um sich diese Formeln leichter merken zu können, kann man sich wie in der sphärischen Trigonometrie einer Gedächtnisstütze bedienen, der Neperschen Regel, die von Engel für die Zwecke der Nichteuklidischen Geometrie geeignet gemacht wurde; vgl. G. Hessenberg-H. Kneser, Ebene und sphärische Trigonometrie, Berlin 1957, S. 121f. (Sammlung Göschen Bd. 99), und H. Liebmann [8], S. 36.

Jede derartige Gedächtnisregel wird überflüssig, wenn man das rechtwinklige Dreieck als Sonderfall einer alle Fälle umfassenden, allerdings räumlichen Figur, nämlich des i. allg. windschiefen rechtwinkligen Fünfseits auffaßt; vgl. F. Löbell, Eine Verallgemeinerung des Pentagramma Mirificum. Math. Zeitschr. 53 (1950), S. 236—243.

**) Beim Vergleich mit Liebmann [8], S. 60—61 beachte man unsere Gln. (74, 2).

***) Hier beachte man im Falle des stumpfwinkligen Dreiecks, daß $\cos(\pi - \alpha) = -\cos\alpha$ ist, während man einige Zeilen weiter unten bedenke, daß $\sin(\pi - \alpha) = \sin\alpha$ ist.

Nach (93, 3) ist $\mathfrak{Sin}\, \mathfrak{a} \sin\beta = \mathfrak{Sin}\, \mathfrak{h} = \mathfrak{Sin}\, \mathfrak{b} \sin\alpha$; daraus folgt, wenn man noch eine zyklische Vertauschung vornimmt, der Sinussatz der h. Trigonometrie

$$\mathfrak{Sin}\, \mathfrak{a} : \mathfrak{Sin}\, \mathfrak{b} : \mathfrak{Sin}\, \mathfrak{c} = \sin\alpha : \sin\beta : \sin\gamma. \tag{94, 2}$$

**95.** Aus der sphärischen Trigonometrie ist folgendes bekannt: Sind $a, b, c, \alpha, \beta, \gamma$ die Seiten und Winkel eines Eulerschen*) sphärischen Dreiecks, dann gilt der sphärische Kosinussatz

$$\cos a = \cos b \cos c + \sin b \sin c \cos\alpha, \tag{95, 1}$$

und aus dieser Gleichung und den ihr für die beiden anderen Seiten des Dreiecks nachgebildeten Gleichungen kann man, wie schon Lagrange 1798 zeigte, durch rein rechnerische Umformungen sämtliche Formeln der sphärischen Trigonometrie ableiten**), z. B. den Sinussatz

$$\sin a : \sin b : \sin c = \sin\alpha : \sin\beta : \sin\gamma \tag{95, 2}$$

und den Kotangentensatz

$$\operatorname{cotg} a \sin c = \operatorname{cotg}\alpha \sin\beta + \cos c \cos\beta, \tag{95, 3}$$

aber auch den zu (95, 1) polaren, zweiten Kosinussatz

$$\cos\alpha = -\cos\beta\cos\gamma + \sin\beta\sin\gamma\cos a. \tag{95, 4}$$

$\alpha, \beta, \gamma$ sind die Flächenwinkel, $a, b, c$ die Kantenwinkel des vom Kugelmittelpunkt $O$ aus das sphärische Dreieck projizierenden Dreikants; beim Kugelradius 1 sind $a, b, c$ zugleich die Längen der auf der Kugel ausgeschnittenen Großkreisbogen. Beschreibt man um $O$ eine imaginäre Kugel mit dem Halbmesser $i = \sqrt{-1}$, dann führt dasselbe projizierende Dreikant auf ein imaginäres sphärisches Dreieck mit den gleichen Winkeln $\alpha, \beta, \gamma$, während man für dessen Seiten rein formal $ia, ib, ic$ setzen muß. Dann tritt an Stelle von (95, 1) die Gleichung

$$\cos(ia) = \cos(ib)\cdot\cos(ic) + \sin(ib)\cdot\sin(ic)\cdot\cos\alpha,$$

*) D. h. eines Dreiecks, dessen Seiten zwischen 0 und $\pi$ liegen. $a, b, c$ haben hier — das ist wohl zu beachten — eine andere Bedeutung als in den Nrn. 92 und 93.

**) Siehe G. Hessenberg, a. a. O. S. 126ff.

das ist aber nach den Gln. (72, 4) nichts anderes als die Gl. (94, 1), wenn man $a$, $b$, $c$ durch $\mathfrak{a}$, $\mathfrak{b}$, $\mathfrak{c}$ ersetzt. Da nun, wie oben gesagt, aus (95, 1) die ganze sphärische Trigonometrie folgt, ergibt sich aus (94, 1) durch dieselben rechnerischen Prozesse die ganze h. Trigonometrie, d. h. es muß jede Formel der sphärischen Trigonometrie in eine richtige Formel der h. Trigonometrie übergehen, wenn man alle sphärischen Seitenlängen mit dem Faktor $i$ versieht. Das bedeutet aber:

a) Die h. Trigonometrie ist formal nichts anderes als die elementare sphärische Trigonometrie auf einer Kugelfläche vom Radius $i$.

Beispielsweise folgen aus (95, 3) und (95, 4), indem man $a$, $b$, $c$ durch $ia$, $ib$, $ic$ ersetzt, bei Berücksichtigung von (72, 4) für die h. Trigonometrie die Gleichungen

$$(95,5) \qquad \operatorname{Ctg} \mathfrak{a} \cdot \operatorname{Sin} \mathfrak{c} = \operatorname{cotg} \alpha \cdot \sin \beta + \operatorname{Cof} \mathfrak{c} \cdot \cos \beta,$$

$$(95,6) \qquad \cos \alpha = -\cos \beta \cos \gamma + \sin \beta \sin \gamma \operatorname{Cof} \mathfrak{a}.$$

Wir wollen dieses einfache Verfahren anwenden, um zu sehen, wie man auch die in der h. Geometrie vorkommenden Dreiecke mit uneigentlichen Ecken behandeln kann.

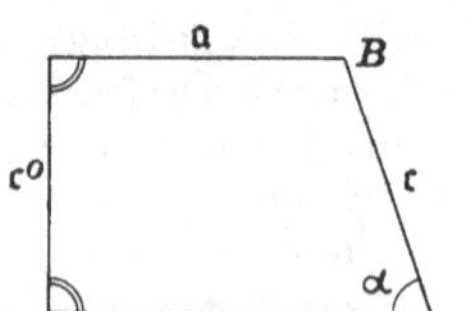

Fig. 62a.

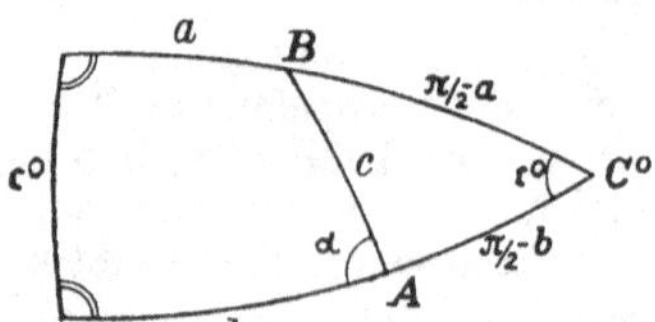

Fig. 62b.

Es liege etwa die Ecke $C$ außerhalb von $(K)$; die beiden nach $C$ führenden Seiten haben dann ein gemeinsames Lot, dessen Länge $\mathfrak{c}^\circ$ als Maß des Geradenpaares $AC$, $BC$ an die Stelle des Winkels $\gamma$ tritt, Fig. 62a. Bezeichnen wir mit $\mathfrak{a}$ und $\mathfrak{b}$ jetzt die h. Längen der von $B$ bzw. $A$ zu den Fußpunkten des gemeinsamen Lotes führenden Strecken, so sehen wir: $\mathfrak{c}$ ist durch $\mathfrak{a}$, $\mathfrak{b}$, $\mathfrak{c}^\circ$ bestimmt, wie, kann man (was schon

Lobatschefskij getan hat) leicht aus den oben bewiesenen Beziehungen ableiten (mit einer Diagonalen als Hilfslinie); wir kommen aber schneller zum Ziel, wenn wir die zu unserer Figur analoge sphärische Figur betrachten, Fig. 62b: sie läßt sich durch ein Dreieck $ABC^\circ$ mit den Seiten $\frac{1}{2}\pi - a$, $\frac{1}{2}\pi - b$ und dem eingeschlossenen Winkel $\mathfrak{c}^\circ$ ergänzen, und wir erhalten aus dem in Frage kommenden sphärischen Kosinussatz (95, 1), ohne ihn erst anzuschreiben, unmittelbar

$$(95,\,7)\qquad \mathfrak{Cos}\,\mathfrak{c} = -\,\mathfrak{Sin}\,\mathfrak{a}\,\mathfrak{Sin}\,\mathfrak{b} + \mathfrak{Cos}\,\mathfrak{a}\,\mathfrak{Cos}\,\mathfrak{b}\,\mathfrak{Cos}\,\mathfrak{c}^\circ.$$

Wollen wir jedoch $\mathfrak{a}$ durch $\mathfrak{b}$, $\mathfrak{c}$ und $\alpha$ ausdrücken, so finden wir, ebenfalls an Hand von (95, 1),

$$(95,\,8)\qquad \mathfrak{Sin}\,\mathfrak{a} = \mathfrak{Sin}\,\mathfrak{b}\,\mathfrak{Cos}\,\mathfrak{c} - \mathfrak{Cos}\,\mathfrak{b}\,\mathfrak{Sin}\,\mathfrak{c}\cos\alpha.$$

Auf die Fälle von Dreiecken mit zwei oder drei uneigentlichen Ecken, speziell auch mit unendlich fernen Ecken, die durch verschwindendes Maß gekennzeichnet sind, sei nur hingewiesen.

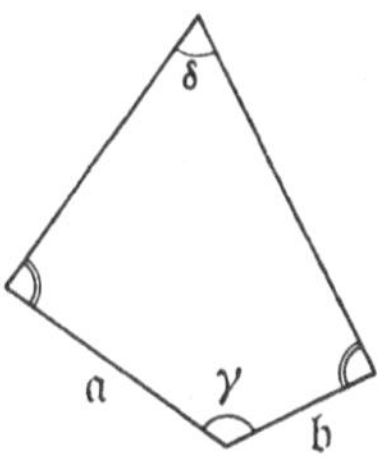


Fig. 63 a.

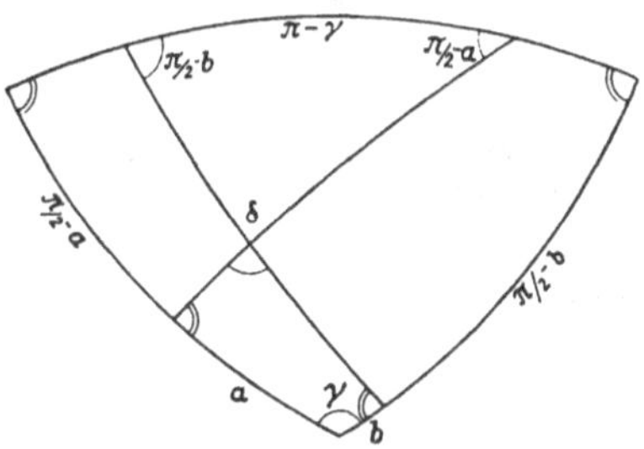


Fig. 63 b.

Nur eine besondere Figur, auf die wir später zurückgreifen wollen, möge noch behandelt werden, das zweirechtwinklige Viereck der Fig. 63a, in dem $\mathfrak{a}$, $\mathfrak{b}$, $\gamma$ gegeben, $\delta$ gesucht sei, wobei statt des Winkels $\delta$ sich auch ein kürzester Abstand $\mathfrak{d}$ ergeben kann. Das sphärische Analogon dazu, Fig. 63b, ist durch ein Dreieck mit den Winkeln $\frac{1}{2}\pi - a$, $\frac{1}{2}\pi - b$, $\delta$ und der Seite $\pi - \gamma$ zu vervollständigen, auf das der zweite

Kosinussatz (95, 4) anwendbar ist; für die h. Figur gibt das*)

(95, 9) $\cos\delta$ oder $\mathfrak{Cos}\,\mathfrak{d} = \mathfrak{Sin}\,\mathfrak{a}\,\mathfrak{Sin}\,\mathfrak{b} - \mathfrak{Cos}\,\mathfrak{a}\,\mathfrak{Cos}\,\mathfrak{b}\cos\gamma$.

Kurz angemerkt sei, daß man die für eigentliche Ecken abgeleiteten Beziehungen auch unmittelbar auf uneigentliche Ecken anwenden kann. Dabei ist nur zu berücksichtigen, daß der Abstand zweier konjugierter Punkte — deren jeder auf der Polaren des andern liegt — sich nach (71, 1) zu $i\,\frac{1}{2}\pi$ ergibt, so daß in den Formeln Argumente der Form reelle Zahl $+\,i\,\frac{1}{2}\pi$ auftreten. Das Imaginäre tritt uns hier aber aus einer ganz anderen Quelle entgegen als oben.

Lobatschefskij hat, worauf wir in Nr. 116 noch einmal zurückkommen werden, gezeigt, daß aus den Axiomen der h. Geometrie eindeutig die hier entwickelte Trigonometrie folgt. Auf den Beweis dieser Tatsache können wir der Kürze halber nicht eingehen.

Der hier aufgedeckte Zusammenhang zwischen der sphärischen und der h. Trigonometrie durch das Imaginäre veranlaßte Lobatschefskij zur Wahl der Bezeichnung „Imaginäre Geometrie". Auch J. Bolyai war dieser Zusammenhang bekannt. Nach Nr. 8 hatte schon Lambert den soeben bewiesenen Satz a) vermutet; die merkwürdige Stelle in § 82 seiner Abhandlung lautet: „Ich sollte daraus fast den Schluß machen, die dritte Hypothese komme bey einer imaginären Kugelfläche vor." Gauß hat zwischen 1805 und 1817 die Formeln der h. („transzendenten") Trigonometrie gefunden. Über die bedeutenden Leistungen des Juristen Taurinus (1794—1874), des Neffen Schweikarts. in der h. Trigonometrie findet man Näheres in Engel-Stäckel [3]. Vom Übergang von den hier abgeleiteten h. trigonometrischen Formeln zu denen Lobatschefskijs wird noch am Schluß von Nr. 104 die Rede sein.

---

*) Die vielen hier auftretenden Beziehungen, deren formale Verwandtschaft in die Augen springt, wurden von F. Schilling (Göttinger Nachr. 1891, 188 ff.) unter einen Hut gebracht: für das rechtwinklige Sechsseit im h. Raum, das u. a. alle möglichen Dreiecksformen umfaßt, gilt eine Formel, die sämtliche Sonderfälle einschließt; das wird dadurch möglich, daß Winkel und kürzester Abstand zweier windschiefer Geraden zu einer komplexen Maßzahl vereinigt werden. Erst von hier aus wird es auch verständlich, daß z. B. nach (95, 9), $\mathfrak{Cos}\,\mathfrak{d}$ einen Wert $< -1$ annimmt, falls die beiden Geraden mit dem Maß $\mathfrak{d}$ gegensinnig orientiert sind: $\mathfrak{d}$ ist dann eine komplexe Zahl mit dem Imaginärteil $i\,\pi$.

## Reguläre $n$-Ecke.

**96.** Auch bei den h. regulären $n$-Ecken ist wegen des Satzes 61 c das Prinzip der speziellen Lage anwendbar. Damit kann man aus bekannten Eigenschaften e. regulärer $n$-Ecke auf solche h. regulärer $n$-Ecke schließen.

Ist $AB$ in Fig. 64 die halbe Seite eines dem Kreise $(C)$ umschriebenen regulären $n$-Ecks, dann muß wegen $\alpha = {}^{\pi}/_{n}$ die e. Länge $AM = r : \cos {}^{\pi}/_{n} < 1$ sein. Hat nun $BM$ die h. Länge $\mathfrak{r}$, dann folgt daraus vermöge Gl. (72, 2) nach einfacher trigonometrischer Umformung die Bedingung

$$\mathfrak{r} < \ln \operatorname{cotg} {}^{\pi}/_{2n}.$$

Das ist der Beweis des Satzes

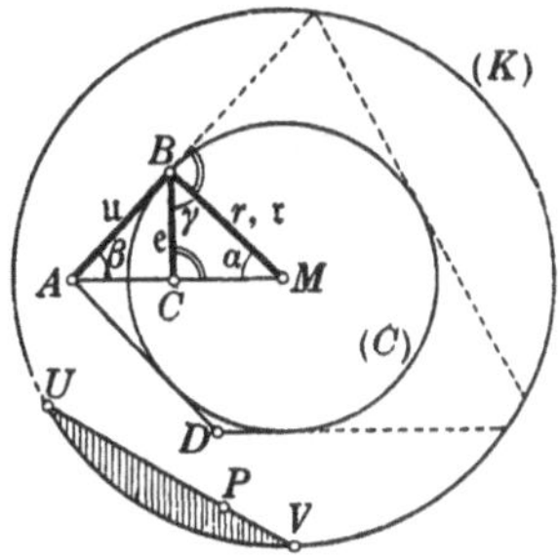

Fig. 64.

a) In der h. Geometrie kann man einem Kreise vom Halbmesser $\mathfrak{r}$ immer und nur dann ein reguläres $n$-Eck umschreiben, wenn $\mathfrak{r} < \ln \operatorname{cotg} {}^{\pi}/_{2n}$ ist.

**97.** Nun sei dem Kreise $(C)$ mit dem Mittelpunkt $M$, Fig. 64, ein irreguläres $n$-Eck $[E]$ mit der Ecke $A$ und dem zugehörigen Zentriwinkel $2\alpha$ umschrieben. Dann ist $AM = r : \cos \alpha$. Da $[E]$ irregulär sein soll, sind nicht alle seine Zentriwinkel gleich ${}^{2\pi}/_{n}$ und mindestens einer, etwa $2\alpha > {}^{2\pi}/_{n}$, weil sonst ihre Summe $< 2\pi$ wäre. Nun ist $AM > r : \cos {}^{\pi}/_{n}$, und die Ecke $A$ ist e. und folglich wegen Gl. (72, 2) auch h. weiter von $M$ entfernt als die Ecken des $(C)$ umschriebenen regulären $n$-Ecks. Daher gilt auch in der h. Geometrie der Satz der e. Geometrie:

a) Mindestens eine Ecke eines einem Kreis umschriebenen irregulären $n$-Ecks ist vom Kreismittelpunkte weiter entfernt als die Ecken des demselben Kreise umschriebenen regulären $n$-Ecks.

Hieraus und aus dem Satze 96 a ergibt sich ohne weiteres

b) In der h. Geometrie kann man einem Kreise vom Halbmesser $\mathfrak{r} \geqq \ln \operatorname{cotg} {}^{\pi}/_{2n}$ kein reguläres oder irreguläres $n$-Eck umschreiben.

Selbst bei einem Kreise mit einem Halbmesser $r < \ln \operatorname{cotg} {}^{\pi}/_{2n}$ ist man wesentlich eingeschränkter in der Wahl der Stücke als in der e. Geometrie. Man kann ihm zwar immer reguläre $n$-Ecke umschreiben, aber z. B. dem Kreise ($C$) der Fig. 64 kein Viereck mit den beiden Ecken $A$ und $D$, während er andere umschriebene reguläre und irreguläre Vierecke zuläßt.

**98.** Ist in Fig. 64 wieder $A$ die Ecke eines ($C$) umschriebenen regulären $n$-Ecks, dann hat $\sphericalangle AMB$ die (e. und $h$.) Größe ${}^{\pi}/_{n}$, ist ferner $\mathfrak{u}$ die h. Länge von $AB$, dann kann man die erste der Gln. (72, 1) in der folgenden Weise anwenden: statt $\mathfrak{b}$ ist $\mathfrak{u}$ zu setzen, an die Stelle von $s$ tritt der aus Satz 92 a und Gl. (72, 5) folgende Wert $\sqrt{1-r^2} = \sqrt{1-\mathfrak{Tg}^2\mathfrak{r}} = 1 : \mathfrak{Cof}\,\mathfrak{r}$, $b$ ist hier $r \cdot \operatorname{tg} {}^{\pi}/_{n} = \mathfrak{Tg}\,\mathfrak{r} \cdot \operatorname{tg} {}^{\pi}/_{n}$. Dies führt unmittelbar auf den Satz

a) In der h. Geometrie ist die Seitenlänge $2\mathfrak{u}$ des einem Kreise vom Halbmesser $\mathfrak{r}$ umschriebenen regulären $n$-Ecks

$$\ln\left((1+\mathfrak{Sin}\,\mathfrak{r}\cdot\operatorname{tg}{}^{\pi}/_{n}) : (1-\mathfrak{Sin}\,\mathfrak{r}\cdot\operatorname{tg}{}^{\pi}/_{n})\right).$$

Wendet man weiterhin auf $\mathfrak{r}$ die Gl. (93, 6) an, dann ergibt sich der Satz

b) In der h. Geometrie ist die Winkelsumme $2n\beta$ des einem Kreise vom Halbmesser $\mathfrak{r}$ umschriebenen regulären $n$-Ecks

$$2n \cdot \arccos(\sin {}^{\pi}/_{n}\, \mathfrak{Cof}\,\mathfrak{r}).$$

Ferner folgt aus Gl. (93, 4) der Satz

c) In der h. Geometrie besteht zwischen dem Halbmesser $\mathfrak{r}_i$ des Inkreises und dem Halbmesser $\mathfrak{r}_u$ des Umkreises*) eines regulären $n$-Ecks die Beziehung

$$\mathfrak{Tg}\,\mathfrak{r}_i = \mathfrak{Tg}\,\mathfrak{r}_u \cdot \cos {}^{\pi}/_{n}.$$

*) Falls ein solcher existiert, vgl. Satz 96a.

## Umfang des Kreises. Bogenlänge der Abstandslinie.

**99.** Um den Umfang eines h. Kreises einfach berechnen zu können, legen wir ihn wieder mit seinem Mittelpunkt auf $M$ und machen ihn dadurch zu einem e. Kreis (Satz 61 b). In der e. Geometrie berechnet man den Kreisumfang bekanntlich in der Weise, daß man ihn als gemeinsamen Grenzwert der Umfänge der dem Kreis einbeschriebenen und der ihm umschriebenen regulären $n$-Ecke für $n \to \infty$ definiert. Wir gehen hier genau so vor und setzen dabei die einfachsten Regeln über das Rechnen mit Grenzwerten voraus, daß nämlich der Grenzwert einer Summe, eines Produktes, eines Quotienten mit nicht verschwindendem Nenner gleich ist der Summe, dem Produkt, dem Quotienten der Grenzwerte; weiterhin setzen wir die Kenntnis der folgenden bekannten Grenzwerte voraus:

$$(99,1) \quad \lim_{\alpha \to 0} \sin\alpha : \alpha = 1 \quad \text{und} \quad \lim_{\alpha \to 0} \operatorname{tg}\alpha : \alpha = 1^{*)}. \quad (99,2)$$

Aus der Definition der Hyperbelfunktionen durch Exponentialfunktionen, Nr. 72, findet man mittels der bekannten Exponentialreihe die ebenfalls im folgenden vorausgesetzten Grenzwerte

$$(99,3) \quad \lim_{\alpha \to 0} \mathfrak{Sin}\,\alpha : \alpha = 1 \quad \text{und} \quad \lim_{\alpha \to 0} \mathfrak{Tg}\,\alpha : \alpha = 1. \quad (99,4)$$

**100.** Für die halbe Seite $\mathfrak{e}$ eines e i n b e s c h r i e b e n e n regulären $n$-Ecks, Fig. 64 (Nr. 96), gilt nach Gl. (93, 3) $\mathfrak{Sin}\,\mathfrak{e} = \sin {}^{\pi}/_{n}\, \mathfrak{Sin}\,\mathfrak{r}$; der h. Umfang dieses Polygons ist also**) $2\,n\,\mathfrak{e} = 2\,n \sin {}^{\pi}/_{n}\, \mathfrak{Sin}\,\mathfrak{r} \cdot \mathfrak{e} : \mathfrak{Sin}\,\mathfrak{e}$, der Grenzübergang $n \to \infty$ führt wegen (99, 1 u. 3) auf den Wert $2\pi\, \mathfrak{Sin}\,\mathfrak{r}$.

Der h. Umfang eines umschriebenen regulären $n$-Ecks ist, da nach (93,2) $\mathfrak{Tg}\,\mathfrak{u} = \operatorname{tg} {}^{\pi}/_{n}\, \mathfrak{Sin}\,\mathfrak{r}$ ist, $2\,n\mathfrak{u} = 2\,n \operatorname{tg} {}^{\pi}/_{n}\, \mathfrak{Sin}\,\mathfrak{r} \cdot \mathfrak{u} : \mathfrak{Tg}\,\mathfrak{u}$; dies konvergiert für $n \to \infty$ wegen (99,2 u. 4) ebenfalls gegen $2\pi\, \mathfrak{Sin}\,\mathfrak{r}$.

Die Folgen der h. Umfänge der ein- bzw. der umbeschriebenen regulären Vielecke sind, wie auch geometrisch unmittelbar zu erkennen, monoton zu- bzw. abnehmend und

*) Für $n \to \infty$ gilt also z. B. $n \sin \pi/_n = \pi \cdot \sin \pi/_n : \pi/_n \to \pi$.

**) Nach dem Schema $\mathfrak{z} = \mathfrak{Sin}\,\mathfrak{z} \cdot (\mathfrak{z} : \mathfrak{Sin}\,\mathfrak{z})$ usw.

haben denselben Grenzwert. Daher kann man auch in der h. Geometrie den Kreisumfang aus den regulären um- und einbeschriebenen $n$-Ecken definieren, und es gilt der Satz

a) In der h. Geometrie hat ein Kreis vom Halbmesser $\mathfrak{r}$ den Umfang*) $2\pi \cdot \mathfrak{Sin}\, \mathfrak{r}$.

Da in Fig. 64 die Zentriwinkel von $(C)$ e. und h. dasselbe Maß haben (Satz 61 a), folgt nun ohne weiteres

b) In der h. Geometrie hat der zum Zentriwinkel $\alpha$ gehörende Bogen des Kreises vom Halbmesser $\mathfrak{r}$ die Länge $\alpha \cdot \mathfrak{Sin}\, \mathfrak{r}$.

Aus Gl. (94, 2) und dem Satze 100 a folgert man unmittelbar einen schönen Satz, der, wie schon J. Bolyai betonte, der e. und der h. Geometrie gemeinsam ist und übrigens auch in der sphärischen Geometrie gilt:

c) Die Umfänge der Kreise, deren Halbmesser den Seiten eines Dreiecks gleich sind, verhalten sich wie die Sinus der den Seiten gegenüberliegenden Winkel.

d) Durch einen ähnlichen Gedankengang findet man die Länge $\mathfrak{s}$ des Bogens einer Abstandslinie (Nr. 65) mit dem Halbmesser $\mathfrak{q}$, der zur Grundlinie von der Länge $\mathfrak{g}$ gehört. Man teilt $\mathfrak{g}$ in $n$ gleiche Teile, errichtet in den Teilpunkten die Lote zur Achse und verbindet je zwei benachbarte ihrer auf der Abstandslinie liegenden Punkte miteinander durch Sehnen, deren Länge mit $\mathfrak{s}_n$ bezeichnet sei. Die entstandenen Trapeze werden durch ihre Symmetrieachsen halbiert; für die so gebildeten Spitzecke**) gilt nach (95, 8) (mit $\frac{1}{2}\,\mathfrak{s}_n$, $\mathfrak{g}/_{2n}$, $\mathfrak{q}$ statt $\mathfrak{a}$, $\mathfrak{b}$, $\mathfrak{c}$ und mit $\alpha = \frac{1}{2}\pi$)

$$\mathfrak{Sin}\,\tfrac{1}{2}\,\mathfrak{s}_n = \mathfrak{Sin}\,\mathfrak{g}/_{2n}\,\mathfrak{Cof}\,\mathfrak{q}.$$

Wie beim Kreis findet man aus der Gesamtlänge $n\,\mathfrak{s}_n$ des einbeschriebenen Sehnenzuges durch einen Grenzübergang für $n \to \infty$

$$\mathfrak{s} = \mathfrak{g}\,\mathfrak{Cof}\,\mathfrak{q}.$$

*) Nach Nr. 72 ist $2\,\mathfrak{Sin}\,\mathfrak{a} = e^{\mathfrak{a}} - e^{-\mathfrak{a}}$. Da $e^{-\mathfrak{r}}$ mit zunehmendem $\mathfrak{r}$ sehr rasch gegen 0 konvergiert, sieht man, daß der Kreisumfang mit dem Radius wesentlich exponentiell, also sehr stark wächst: Während z. B. ein Kreis vom Radius 1 den Umfang 7,38 hat, besitzen Kreise mit den Radien 10 und 20 Umfänge der Größenordnungen $7 \cdot 10^4$ und $1{,}5 \cdot 10^9$.

**) Siehe Nr. 84, erste Fußnote.

Das gleiche Ergebnis kann man mit Hilfe eines umschriebenen Polygonzuges erhalten. Die Annäherung erfolgt das eine Mal von kleineren, das andere Mal von größeren Zahlen her.

Die Gesamtlänge einer Abstandslinie ist, wie man sieht, wie die ihrer Achse unendlich groß.

e) Schließlich kann man das Verhältnis von Grenzkreisbögen (Nr. 67), die zwischen zwei gemeinsamen Radien liegen, in seiner Abhängigkeit von ihrem Abstand $\mathfrak{d}$ durch einen Grenzübergang berechnen, der von zwei Bögen konzentrischer Kreise ausgeht; wegen $\lim\limits_{\mathfrak{p}\to\infty} \mathfrak{Cotg}\,\mathfrak{p} = 1$ (Nr. 72) gilt für $\mathfrak{p}\to\infty$ $\alpha\,\mathfrak{Sin}\,(\mathfrak{p}+\mathfrak{d}) : \alpha\,\mathfrak{Sin}\,\mathfrak{p} = \mathfrak{Cos}\,\mathfrak{d} + \mathfrak{Cotg}\,\mathfrak{p}\,\mathfrak{Sin}\,\mathfrak{d} \to \mathfrak{Cos}\,\mathfrak{d} + \mathfrak{Sin}\,\mathfrak{d} = e^{\mathfrak{d}}$.

## Analytische Geometrie.

**101.** In Nr. 35 haben wir rechtwinklige Koordinaten für die absolute Geometrie kennengelernt. Wir wollen diese erst später verwenden, uns nur vorweg daran erinnern, daß mit ihrer Einführung der Ebene eine Orientierung aufgeprägt wurde, die es erlaubt, einen bestimmten Drehsinn als positiv festzulegen, nämlich denjenigen, der die positive $X$-Achse zu Beginn der Drehung um $O$ in ihre positive Halbebene eindringen läßt.

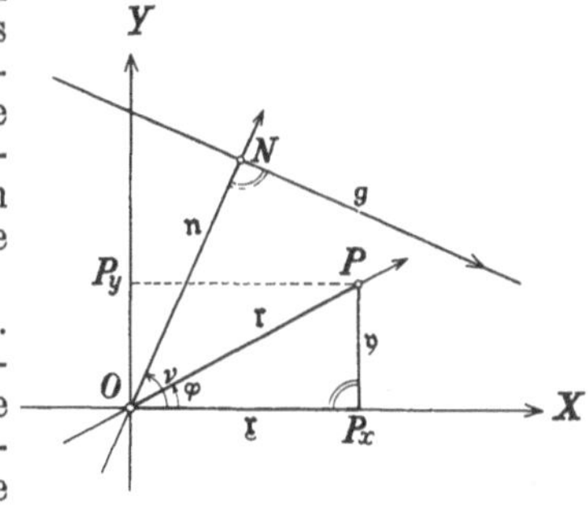


Fig. 65.

Zunächst wollen wir h. Polarkoordinaten benützen. Fig. 65. Um solche für einen Punkt $P$ zu gewinnen, drehen wir die $X$-Achse um $O$, bis sie, irgendwann, durch $P$ geht; der auf der orientierten Geraden gemessene Abstand $OP$, der „Radiusvektor" $\mathfrak{r}$, und der von der Achse durchlaufene, unter Berücksichtigung des Drehsinns gemessene Winkel, die „Amplitude" $\varphi$, bestimmen, wenn sie gegeben sind, die Lage von $P$ eindeutig; das Umgekehrte gilt hier jedoch nicht: zu einem und demselben Punkt $P$ gehören — wie in der e. Ebene —, wenn er nicht auf $O$ fällt, die unendlich vielen Paare von Polarkoordinaten $(\mathfrak{r}, \varphi + 2n\pi)$ und $(-\mathfrak{r}, \varphi + (2n+1)\pi)$, wo $n$ alle ganzen Zahlen durchläuft, wenn er aber mit $O$ zusammenfällt, der Wert $\mathfrak{r} = 0$ und jeder beliebige Wert von $\varphi$.

Eine Gerade $g$ legen wir auf folgende Weise durch Zahlenangaben fest, und zwar als orientiertes Gebilde, kurz nach Study „Speer" genannt: Das Lot durch $O$ auf $g$ schneide

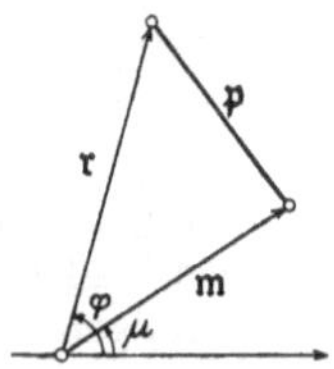


Fig. 66 a.

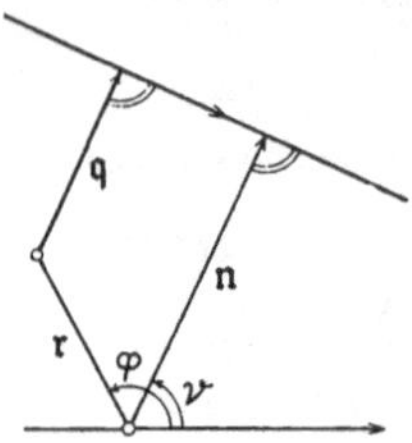


Fig. 66 b.

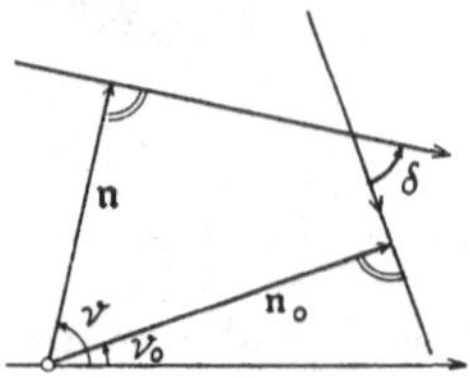


Fig. 66 c.

$g$ in $N$; die Gerade $ON$ werde so orientiert, daß aus dem Speer $g$ durch eine positive Drehung um $N$ durch $\frac{1}{2}\pi$ die orientierte „Normale" durch $O$ hervorgeht. Radiusvektor $\mathfrak{n}$ und Amplitude $\nu$ von $N$ bestimmen die Lage des Speeres $g$ eindeutig; jedoch gilt das auch hier nicht umgekehrt: zu $g$ gehören die unendlich vielen Polarkoordinatenpaare $(\mathfrak{n}, \nu + 2n\pi)$, wo $n$ eine beliebige ganze Zahl bedeutet.

Als erstes mögen die notwendigen und hinreichenden Bedingungen aufgestellt werden

a) dafür, daß der Punkt $(\mathfrak{r}, \varphi)$ von dem Punkt $(\mathfrak{m}, \mu)$ den Abstand $\mathfrak{p}$ hat, Fig. 66a: nach (94, 1) gilt

(101, 1) $\operatorname{Cos} \mathfrak{m} \operatorname{Cos} \mathfrak{r} - \operatorname{Sin} \mathfrak{m} \operatorname{Sin} \mathfrak{r} \cos(\varphi - \mu) = \operatorname{Cos} \mathfrak{p}$;

b) dafür, daß der Punkt $(\mathfrak{r}, \varphi)$ von der orientierten Geraden $(\mathfrak{n}, \nu)$ die Entfernung $\mathfrak{q}$ hat, Fig. 66b: nach

(95, 8) ist — mit anderen Vorzeichen, weil hier $\mathfrak{n}$ und $\mathfrak{q}$ gegenseitig anders orientiert sind als $\mathfrak{a}$ und $\mathfrak{b}$ dort —

(101, 2) $-\mathfrak{Sin}\,\mathfrak{n}\,\mathfrak{Cos}\,\mathfrak{r} + \mathfrak{Cos}\,\mathfrak{n}\,\mathfrak{Sin}\,\mathfrak{r}\cos(\varphi - \nu) = \mathfrak{Sin}\,\mathfrak{q}$;

dabei ist $\mathfrak{q} \gtrless O$, je nachdem der Punkt auf der positiven oder auf der negativen Seite des Speeres $(\mathfrak{n}, \nu)$ liegt.

Speziell ist die Inzidenzbedingung für den Punkt $(\mathfrak{r}, \varphi)$ und die Gerade $(\mathfrak{n}, \nu)$

(101, 3) $\mathfrak{Sin}\,\mathfrak{n}\,\mathfrak{Cos}\,\mathfrak{r} - \mathfrak{Cos}\,\mathfrak{n}\,\mathfrak{Sin}\,\mathfrak{r}\cos(\varphi - \nu) = 0.$

c) Die charakteristische Bedingung dafür, daß der Speer $(\mathfrak{n}, \nu)$ mit dem Speer $(\mathfrak{n}_0, \nu_0)$ den Winkel $\delta$ bildet oder von ihm den kürzesten Abstand $\mathfrak{d}$ hat, Fig. 66c, ist nach (95, 9) — wieder wegen verschiedener Orientierung der Geraden hier und dort mit anderem Vorzeichen —

(101, 4) $\cos\delta$ bzw. $\mathfrak{Cos}\,\mathfrak{d} =$
$-\mathfrak{Sin}\,\mathfrak{n}\,\mathfrak{Sin}\,\mathfrak{n}_0 + \mathfrak{Cos}\,\mathfrak{n}\,\mathfrak{Cos}\,\mathfrak{n}_0\cos(\nu - \nu_0)$,

je nachdem der Ausdruck rechts einen Betrag $< 1$ oder $> 1$ hat; hat er den Wert $\pm 1$, so ist $\delta = 0$ oder $\pi$, die Speere sind gleich- oder gegensinnig asymptotisch.

Als Orthogonalitätsbedingung für die beiden Geraden $(\mathfrak{n}, \nu)$ und $(\mathfrak{n}_0, \nu_0)$ ergibt sich demnach

(101, 5) $\mathfrak{Sin}\,\mathfrak{n}\,\mathfrak{Sin}\,\mathfrak{n}_0 - \mathfrak{Cos}\,\mathfrak{n}\,\mathfrak{Cos}\,\mathfrak{n}_0\cos(\nu - \nu_0) = 0.$

In (101, 1) haben wir, wenn wir $\mathfrak{r}$ und $\varphi$ als Veränderliche ansehen, die Gleichung des eigentlichen Kreises mit dem Mittelpunkt $(\mathfrak{m}, \mu)$ und dem Radius $\mathfrak{p}$, in (101, 2) die der Abstandslinie mit der Mittelachse $(\mathfrak{n}, \nu)$ und dem Halbmesser $\mathfrak{q}$, in (101, 3) die der Geraden $(\mathfrak{n}, \nu)$ vor uns; damit (101, 2) die Abstandslinien auf beiden Seiten der Achse, mit andern Worten den ganzen Hyperkreis darstellt, ist rechts $\mathfrak{Sin}\,\mathfrak{q}$ durch $\pm\,\mathfrak{Sin}\,\mathfrak{q}$ zu ersetzen.

Die Gleichung des Grenzkreises gewinnen wir dadurch, daß wir den Mittelpunkt eines Kreises auf der als fest angenommenen Geraden, die ihn mit $O$ verbindet, ins Unendliche rücken und zugleich den Radius unendlich groß werden lassen, und zwar so, daß $\mathfrak{m} - \mathfrak{p} = \mathfrak{g}$ konstant bleibt. Da alsdann $\mathfrak{Sin}\,\mathfrak{m} : \mathfrak{Cof}\,\mathfrak{m} = \mathfrak{Tg}\,\mathfrak{m} \to 1$ und $\mathfrak{Cof}\,\mathfrak{p} : \mathfrak{Cof}\,\mathfrak{m} = \mathfrak{Cof}\,(\mathfrak{m} - \mathfrak{g}) : \mathfrak{Cof}\,\mathfrak{m} = \mathfrak{Cof}\,\mathfrak{g} - \mathfrak{Sin}\,\mathfrak{g}\,\mathfrak{Tg}\,\mathfrak{m} \to \mathfrak{Cof}\,\mathfrak{g} - \mathfrak{Sin}\,\mathfrak{g} = e^{-\mathfrak{g}}$ gilt, wird die gesuchte Gleichung

$$\mathfrak{Cof}\,\mathfrak{r} - \mathfrak{Sin}\,\mathfrak{r}\cos(\varphi - \mu) = e^{-\mathfrak{g}}; \tag{101, 6}$$

$\mathfrak{g}$ ist der Abstand des Grenzkreises von $O$, $\mu$ die Amplitude seines unendlich fernen Mittelpunktes. Das gleiche Ergebnis würden wir finden, wenn wir die Achse einer Abstandslinie in geeigneter Weise ins Unendliche rücken und den Halbmesser unendlich groß werden ließen (Vgl. Nr. 67.).

Hält man in der Inzidenzbedingung (101, 3) $\mathfrak{r}$ und $\varphi$ fest und sieht $\mathfrak{n}$ und $\nu$ als veränderlich an, so stellt sie ein Büschel von Geraden dar, sie ist aber auch als „Gleichung des Punktes ($\mathfrak{r}$, $\varphi$) in polaren Linienkoordinaten ($\mathfrak{n}$, $\nu$)" zu deuten; in gleichem Sinn ist (101, 4) bei festgehaltener Geraden ($\mathfrak{n}_0$, $\nu_0$) als Gleichung einer Schar von Geraden ($\mathfrak{n}$, $\nu$) konstanten Maßes gegen eine feste Gerade ($\mathfrak{n}_0$, $\nu_0$) aufzufassen, speziell, wenn $\cos\delta = 0$, als die des Büschels ihrer Lote.

**102.** Unseren weiteren Betrachtungen mögen nun die in Nr. 35 eingeführten Achsenkoordinaten zugrunde gelegt werden, die mit $\mathfrak{x}$ und $\mathfrak{y}$ bezeichnet seien, so daß in Fig. 20 dort wie in Fig. 65, h. gemessen, $OP_x = \mathfrak{x}$, $P_xP = \mathfrak{y}$ wird.

Der Übergang von den Koordinaten $\mathfrak{r}$, $\varphi$ zu den Koordinaten $\mathfrak{x}$, $\mathfrak{y}$ geschieht nach (93, 1) und (93, 2) mit Hilfe der Transformationsformeln

$$\mathfrak{Cof}\,\mathfrak{r} = \mathfrak{Cof}\,\mathfrak{x}\,\mathfrak{Cof}\,\mathfrak{y} \text{ und } \operatorname{tg}\varphi = \mathfrak{Tg}\,\mathfrak{y} : \mathfrak{Sin}\,\mathfrak{x}. \tag{102, 1}$$

Wir stellen sogleich ihre Umkehrungen auf; nach (93, 4) und (93, 3) ist

$$\mathfrak{Tg}\,\mathfrak{x} = \mathfrak{Tg}\,\mathfrak{r}\cos\varphi \text{ und } \mathfrak{Sin}\,\mathfrak{y} = \mathfrak{Sin}\,\mathfrak{r}\sin\varphi. \tag{102, 2}$$

Es ist oft angenehm, neben ihnen noch die sich aus ihnen ergebenden Beziehungen

$$\mathfrak{Tg}\,\mathfrak{r}\sin\varphi = \mathfrak{Tg}\,\mathfrak{y} : \mathfrak{Cof}\,\mathfrak{x},\ \mathfrak{Sin}\,\mathfrak{r}\cos\varphi = \mathfrak{Sin}\,\mathfrak{x}\,\mathfrak{Cof}\,\mathfrak{y} \tag{102, 3}$$

zur Verfügung zu haben.

Wendet man auf $\cos(\varphi - \mu)$ in (101, 1) bzw. auf $\cos(\varphi - \nu)$ in (101, 2) das Additionstheorem an, so findet man als

Gleichung des Kreises*) mit dem Mittelpunkt $(\mathfrak{a}, \mathfrak{b})$ und dem Radius $\mathfrak{p}$, weil nach (102, 1) $\mathfrak{Cos}\,\mathfrak{m} = \mathfrak{Cos}\,\mathfrak{a}\,\mathfrak{Cos}\,\mathfrak{b}$, nach (102, 3) $\mathfrak{Sin}\,\mathfrak{m} \cos \mu = \mathfrak{Sin}\,\mathfrak{a}\,\mathfrak{Cos}\,\mathfrak{b}$ und nach (102, 2) $\mathfrak{Sin}\,\mathfrak{m} \sin \mu = \mathfrak{Sin}\,\mathfrak{b}$ ist, nach (101, 1)

$$(102, 4)\quad \mathfrak{Cos}\,\mathfrak{a}\,\mathfrak{Cos}\,\mathfrak{b}\,\mathfrak{Cos}\,\mathfrak{x}\,\mathfrak{Cos}\,\mathfrak{y} - \mathfrak{Sin}\,\mathfrak{a}\,\mathfrak{Cos}\,\mathfrak{b}\,\mathfrak{Sin}\,\mathfrak{x}\,\mathfrak{Cos}\,\mathfrak{y} - \mathfrak{Sin}\,\mathfrak{b}\,\mathfrak{Sin}\,\mathfrak{y} = \mathfrak{Cos}\,\mathfrak{p}$$

und als Gleichung der Abstandslinien mit der Achse $(\mathfrak{n}, \nu)$ und dem Halbmesser $\mathfrak{q}$ nach (101, 2)

$$(102, 5)\quad \mathfrak{Sin}\,\mathfrak{n}\,\mathfrak{Cos}\,\mathfrak{x}\,\mathfrak{Cos}\,\mathfrak{y} - \mathfrak{Cos}\,\mathfrak{n} \cos \nu\, \mathfrak{Sin}\,\mathfrak{x}\,\mathfrak{Cos}\,\mathfrak{y} - \mathfrak{Cos}\,\mathfrak{n} \sin \nu\, \mathfrak{Sin}\,\mathfrak{y} = \pm\, \mathfrak{Sin}\,\mathfrak{q},$$

die für den Fall $\mathfrak{q} = 0$ die Gleichung der Geraden $(\mathfrak{n}, \nu)$ umfaßt.

Die Gleichung des Grenzkreises, dessen unendlich ferner Mittelpunkt die Amplitude $\mu$ hat und der im Abstand $\mathfrak{g}$ an $O$ vorüberzieht, wird nach (101, 6)

$$(102, 6)\quad \mathfrak{Cos}\,\mathfrak{x}\,\mathfrak{Cos}\,\mathfrak{y} - \cos \mu\, \mathfrak{Sin}\,\mathfrak{x}\,\mathfrak{Cos}\,\mathfrak{y} - \sin \mu\, \mathfrak{Sin}\,\mathfrak{y} = e^{-\mathfrak{g}}.$$

Wir sehen, daß man — wie mit Hilfe der Hesseschen Normalform der Geradengleichung in der e. Geometrie — den Abstand $\mathfrak{l}$ eines Punktes $(\mathfrak{x}, \mathfrak{y})$ von der orientierten Geraden $(\mathfrak{n}, \nu)$, genauer die Funktion $\mathfrak{Sin}\,\mathfrak{l}$, dadurch erhält, daß man die Koordinaten dieses Punktes in die linke Seite der Gleichung (102, 5) einsetzt. In ähnlicher Weise lassen sich hier aber auch die Gleichungen des Kreises und der Abstandslinie verwenden, wobei nur zu beachten ist, daß man zunächst die Entfernungen vom Mittelpunkt bzw. von der Mittelachse bekommt. — Das gleiche gilt übrigens auch für die entsprechenden Gleichungen in Polarkoordinaten.

Als Beispiel möge noch die Gleichung einer Nichteuklidischen Parallelen $g$ zur positiven $X$-Achse aufgestellt werden; man braucht zu dem Zweck nur in (102, 5)

---

*) Diese kann man mit Lobatschefskij an Hand einer passenden Figur auch unmittelbar aus (95, 7) in der Form

$$\mathfrak{Cos}\,\mathfrak{p} = -\,\mathfrak{Sin}\,\mathfrak{b}\,\mathfrak{Sin}\,\mathfrak{y} + \mathfrak{Cos}\,\mathfrak{b}\,\mathfrak{Cos}\,\mathfrak{y}\,\mathfrak{Cos}\,(\mathfrak{x} - \mathfrak{a})$$

gewinnen; das Additionstheorem für die $\mathfrak{Cos}$-Funktion (72, 6) vermittelt den Zusammenhang mit (102, 4). (Hierbei beachte man nur das am Schluß von Nr. 104 Gesagte.)

$\nu = \Pi(\mathfrak{n})$, also nach (74, 2) $\sin\nu = 1 : \mathfrak{Cof}\,\mathfrak{n}$ und $\cos\nu = \mathfrak{Tg}\,\mathfrak{n}$ zu setzen: man erhält, da $\mathfrak{q} = 0$,

$$(102,\ 7)\qquad \mathfrak{Sin}\,\mathfrak{n}\,\mathfrak{Cof}\,\mathfrak{x}\,\mathfrak{Cof}\,\mathfrak{y} - \mathfrak{Sin}\,\mathfrak{n}\,\mathfrak{Sin}\,\mathfrak{x}\,\mathfrak{Cof}\,\mathfrak{y} - \mathfrak{Sin}\,\mathfrak{y} = 0$$

oder

$$\mathfrak{Tg}\,\mathfrak{y} = \mathfrak{Sin}\,\mathfrak{n}\cdot e^{-\mathfrak{x}}.$$

Dies bestätigt das früher schon festgestellte asymptotische Verhalten paralleler Halbgeraden, wenn man sich auf ihnen ins Unendliche entfernt, d. h. hier $\mathfrak{x}$ über alle Maßen wachsen läßt (s. Nr. 73); wir sehen jetzt aber noch etwas mehr: die gegenseitige Entfernung ihrer Punkte strebt mit $\mathfrak{x}$ wegen 99,4 exponentiell, also außerordentlich stark gegen 0.

Hier wird auch ersichtlich, daß es bei einer Geraden, anders als in der e. Geometrie, nicht zu jedem Wert von $\mathfrak{x}$ ein reelles $\mathfrak{y}$ gibt; wegen $|\,\mathfrak{Tg}\,\mathfrak{y}\,| < 1$ (Nr. 72) tritt das nur für $\mathfrak{x} > \ln\mathfrak{Sin}\,|\,\mathfrak{n}\,|$ ein. $\mathfrak{x} = \ln\mathfrak{Sin}\,|\,\mathfrak{n}\,|$ ist die Gleichung des Lotes zur $X$-Achse, das zur Geraden $g$ in der anderen Richtung asymptotisch ist als die $X$-Achse selbst.

**103.** Auch zu den bis jetzt eingeführten Koordinaten wollen wir uns das A n a l o g o n auf der K u g e l f l ä c h e vor Augen führen: Wenn wir den Äquator als Achse und seinen Schnittpunkt mit dem Nullmeridian als Anfangspunkt wählen, so entsprechen den $\mathfrak{x}$ die geographischen Längen $\lambda$, den $\mathfrak{y}$ die geographischen Breiten $\beta$. Polarkoordinaten auf der Kugel aber sind z. B. Poldistanz und Länge. Auf der Kugel besteht kein wesentlicher Unterschied zwischen diesen beiden Arten von Koordinaten, weil Breite und Poldistanz zueinander komplementär sind. In der Nichteuklidischen Ebene verhält es sich anders; wesentlich ist vor allem der Unterschied, daß die Zuordnung der Punkte $P$ zu den Zahlenpaaren $(\mathfrak{x},\ \mathfrak{y})$ umkehrbar eindeutig ist (Nr. 35), während das für die Polarkoordinaten $(\mathfrak{r},\ \varphi)$ nicht gilt (Nr. 101). Und doch ist eine formale Verwandtschaft zwischen beiden Koordinatenarten unverkennbar, wenn man etwa die Beziehung (101, 4) mit der in der Fußnote zu Nr. 102 angegebenen vergleicht. In der Tat ist die Kluft mit Hilfe der uneigentlichen Elemente überbrückbar, was wir aber nicht weiter verfolgen wollen.

Es fällt uns jedoch noch etwas anderes auf: Die Gleichungen (102, 4 bis 7) enthalten die Koordinaten $\mathfrak{x}$ und $\mathfrak{y}$ durchweg nur in den Verbindungen

(103, 1) $X = \mathfrak{Cos}\,\mathfrak{x}\,\mathfrak{Cos}\,\mathfrak{y}, \quad Y = \mathfrak{Sin}\,\mathfrak{x}\,\mathfrak{Cos}\,\mathfrak{y}, \quad Z = \mathfrak{Sin}\,\mathfrak{y}$

und sind in diesen Größen linear, die Geradengleichung ist zudem homogen:

(103, 2) $$A X + B Y + C Z = D.$$

Das wird man ganz natürlich finden, sobald man bemerkt, daß dies die gleichen Kombinationen sind wie diejenigen der goniometrischen Funktionen von $\lambda$ und $\beta$, durch die in einem geeigneten räumlichen Koordinatensystem $\xi$ - $\eta$ - $\zeta$ die Fläche der Einheitskugel im e. Raum dargestellt wird:

(103, 3) $\xi = \cos\lambda \cos\beta, \qquad \eta = \sin\lambda \cos\beta, \qquad \zeta = \sin\beta.$

Wie diese Koordinaten die Kugelgleichung $\xi^2 + \eta^2 + \zeta^2 = 1$ erfüllen, so genügen $X$, $Y$, $Z$ einer Nebenbedingung

(103, 4) $$X^2 - Y^2 - Z^2 = 1;$$

das ist nötig, weil eine der drei Koordinaten, die ja die Punkte einer zweidimensionalen Mannigfaltigkeit festlegen sollen, überzählig ist. Nun werden aus der Kugelfläche die Kreise, die dort zugleich Abstandslinien sind, durch Ebenen $A\xi + B\eta + C\zeta = D$ ausgeschnitten, speziell die den nichteuklidischen Geraden entsprechenden Großkreise von Durchmesserebenen $D = 0$; durch diese Analogie wird der lineare Charakter der in Nr. 102 aufgestellten Gleichungen in $X$, $Y$, $Z$ verständlich.

Die wegen der genannten Eigenschaften besonders wichtigen Koordinaten $X$, $Y$, $Z$ heißen Weierstraßsche Koordinaten der Nichteuklidischen Ebene*). Mit ihrer Hilfe lassen sich z. B. die Bewegungen der Nichteuklidischen Ebene in ähnlicher Weise darstellen wie die Drehungen des e. Raumes.

**104.** Wie sehen nun die Gleichungen der Grundgebilde (102, 4 bis 6) in der Deutung $\{\mathfrak{D}\}$ (Nr. 58) aus?

*) Wir bemerken, daß nach (102, 1), (102, 3) und (102, 2) auch gilt
$X = \mathfrak{Cos}\,\mathfrak{r}, \quad Y = \mathfrak{Sin}\,\mathfrak{r}\cos\varphi, \quad Z = \mathfrak{Sin}\,\mathfrak{r}\sin\varphi.$

Es soll wieder das Prinzip der speziellen Lage angewandt werden, in der Weise, daß wir uns das Koordinatensystem (Nr. 35) samt den darauf bezogenen h. Gebilden mit dem Anfangspunkt $O$ auf den Mittelpunkt $M$ des Kreises $(K)$ gelegt denken; die $X$-Achse wird dann ein Durchmesser. Das so gelegte System ist nach Satz 60a auch e. ein rechtwinkliges, und zwar ein kartesisches Koordinatensystem; irgendein h. Lot $PP_x$ auf der $X$-Achse steht auch e. auf ihr senkrecht.

Die Beziehungen zwischen den h. Koordinaten $\mathfrak{x}$, $\mathfrak{y}$ eines Punktes $P$ und dessen e. Koordinaten $x$, $y$ erhält man im Anschluß an die Sätze 92a und 92b sofort in der Form:

$$x = \mathfrak{Tg}\,\mathfrak{x}, \quad y = \mathfrak{Tg}\,\mathfrak{y} : \mathfrak{Cof}\,\mathfrak{x}. \tag{104, 1}$$

Während die Koordinaten $\mathfrak{x}$ und $\mathfrak{y}$ nicht gleichartig sind*), gilt dies von $x$ und $y$.

Die weitere Untersuchung gestaltet sich besonders einfach, wenn wir $x$ und $y$ durch die Weierstraßschen Koordinaten ausdrücken: Aus (103, 1) und (104, 1) folgt unmittelbar

$$x = Y : X, \quad y = Z : X. \tag{104, 2}$$

Mit Hilfe von (103, 4) finden wir daraus die Umkehrungen:

$$\begin{aligned} X &= 1 : \sqrt{1 - x^2 - y^2}, \\ Y &= x : \sqrt{1 - x^2 - y^2}, \\ Z &= y : \sqrt{1 - x^2 - y^2}, \end{aligned} \tag{104, 3}$$

wo die Wurzel im Innern von $(K)$ positiv zu nehmen ist, weil dort nach (103, 1) in Verbindung mit dem in Nr. 72 über die Werte der Hyperbelfunktionen Gesagten $X \geqq 1 > 0$ ist.

Die Gleichungen der verschiedenen Kreisarten mit Einschluß der Geraden bekommen nun in der

---

*) Dies könnte man dadurch vermeiden, daß man statt der Abszisse $\mathfrak{x} = OP_x$ neben der Ordinate $\mathfrak{y} = P_xP$ die h. Länge von $P_yP$ als erste Koordinate $\mathfrak{x}'$ einführt; $\mathfrak{x}'$ und $\mathfrak{y}$ sind wie $\mathfrak{x}$ und $\mathfrak{y}$ unbeschränkt veränderlich, was von $OP_x$ und $OP_y$ als Koordinaten nicht gelten würde. Es zeigt sich, daß $\mathfrak{Sin}\,\mathfrak{x}' = Y$ neben $\mathfrak{Sin}\,\mathfrak{y} = Z$ gilt. Hierzu siehe Fig. 65, Nr. 101.

Deutung $\{\mathfrak{D}\}$, wenn man die Irrationalität durch Quadrieren beseitigt, nach (103, 2) alle die gemeinsame Gestalt:

$$(104, 4) \qquad (A + Bx + Cy)^2 - D^2 (1 - x^2 - y^2) = 0.$$

Sie stellen Kegelschnitte dar, und zwar offensichtlich diejenigen, die den Kreis $(K)$, der die Gleichung $x^2 + y^2 - 1 = 0$ hat, in den Schnittpunkten mit der Geraden $A + Bx + Cy = 0$ berühren. Je nachdem diese Punkte reell $(A^2 - B^2 - C^2 < 0)$ oder imaginär $(A^2 - B^2 - C^2 > 0)$ sind, im besonderen zusammenfallen $(A^2 = B^2 + C^2)$, handelt es sich um das Bild eines Hyperkreises bzw. einer Geraden $(D = 0)$, eines eigentlichen Kreises oder speziell eines Grenzkreises; jeder Grenzkreis berührt hiernach $(K)$ vierpunktig (vgl. Nr. 67). Bei der Realitätsdiskussion ist zu berücksichtigen, daß im Fall des Kreises (etwa nach [102, 4]) $D^2 > A^2 - B^2 - C^2$ sein muß, ferner in den Fällen von Kreisen und Grenzkreisen (nach [102, 4 und 6]) $A$ und $D$ gleiches Vorzeichen haben müssen $(A \cdot D > 0)$. $A, B, C, D$ sind reelle Zahlen.

Nach (102, 5) könnte man die Größen

$$(104, 5) \quad A = \mathfrak{Sin}\, \mathfrak{n}, \quad B = -\mathfrak{Cos}\, \mathfrak{n} \cos \nu, \quad C = -\mathfrak{Cos}\, \mathfrak{n} \sin \nu,$$

die, wenn $\mathfrak{Sin}\, \mathfrak{q} = D = 0$ ist, eine Gerade festlegen, als Koordinaten für diese verwenden; sie erfüllen die Nebenbedingung

$$(104, 6) \qquad A^2 - B^2 - C^2 + 1 = 0,$$

deren Ähnlichkeit mit (103, 4) auffällt und darauf hinweist, daß man auch W e i e r s t r a ß s c h e L i n i e n k o o r d i n a t e n einführen kann. Sie erweisen sich im wesentlichen als Weierstraßsche Punktkoordinaten des Poles der Geraden bezüglich $(K)$. Hier eröffnen sich interessante Ausblicke, doch müssen wir es bei diesem Hinweis bewenden lassen.

Dem Leser bleibe es überlassen, nach den in den Nrn. 101 und 102 bewiesenen Formeln Ausdrücke für Abstands- und Winkelgrößen sowie Inzidenz- und Orthogonalitätsbedingungen in Weierstraßschen Punkt- und Linienkoordinaten aufzustellen.

Die h. analytische Geometrie mit den hier benützten Koordinaten $\mathfrak{x}$ und $\mathfrak{y}$ ist von Lobatschefskij ausgebildet worden, doch benützte er nicht die Funktionen $\mathfrak{Sin}$, $\mathfrak{Cos}$, $\mathfrak{Tg}$, sondern die trigonometrischen Funktionen des Parallelwinkels. Der Zusammenhang zwischen den von ihm hergeleiteten Formeln der h. Trigonometrie und analytischen Geometrie und den oben aufgestellten wird durch die Gln. (74, 2) hergestellt.

### Der Dreiecksinhalt.

**105.** Bei der Streckenmessung in der absoluten Geometrie waren wir in Nr. 29 von zwei Forderungen ausgegangen, die in naheliegender Analogie zu folgenden Festsetzungen für die — positiven — Maßzahlen der Dreiecksinhalte in der *h.* Geometrie führen:

a) Kongruente Dreiecke haben gleichen Inhalt;

b) ist $BD$ eine Transversale des $\triangle ABC$, dann ist der Inhalt des $\triangle ABC$ gleich der Summe der Inhalte der Dreiecke $ABD$ und $BDC$.

Ist $W$ die h. Winkelsumme eines Dreiecks, dann ist nach Satz 69 a immer $\pi - W = \delta > 0$, und diese positive Größe $\delta$ bezeichnet man als den „Defekt" des betreffenden Dreiecks. Kongruente Dreiecke haben paarweise kongruente Winkel und daher auch denselben Defekt. Weiterhin erkennt man sofort, daß der Defekt des Dreiecks $ABC$ gleich ist der Summe der Defekte der Dreiecke $ABD$ und $BDC$, wenn $D$ ein Punkt der Strecke $AC$ ist. Demnach erfüllt der Defekt eines Dreiecks die an die Maßzahl des Dreiecksinhaltes gestellten Forderungen a) und b) und man kann daher den wichtigen Satz aussprechen:

c) In der h. Geometrie kann der Inhalt eines Dreiecks dem Defekt des Dreiecks gleich gesetzt werden.

Man hätte den Flächeninhalt auch mit Lambert (Nr. 8) dem Defekt proportional annehmen können*); durch die Gleichsetzung wurde über die h. Flächeneinheit verfügt. Die Winkel und damit der Dreiecksinhalt bleiben bei h. Bewegungen unverändert.

Wie groß man in der h. Geometrie auch die Seiten eines Dreiecks annimmt, sein Inhalt ist nach Satz c) immer kleiner als $\pi$.

---

*) Daß dies die einzige Möglichkeit für die Festsetzung eines Inhaltsmaßes ist, folgt aus der Lösung von (71, 2).

Gauß hatte erkannt, daß die Annahme, es gäbe Dreiecke beliebig großen Inhaltes, dem Euklidischen Parallelenaxiom äquivalent ist.

**106.** Während bei der Streckenmessung gleich lange Strecken kongruent sind, brauchen flächengleiche Dreiecke nicht kongruent zu sein. Trotzdem besteht auch hier eine Kongruenz-

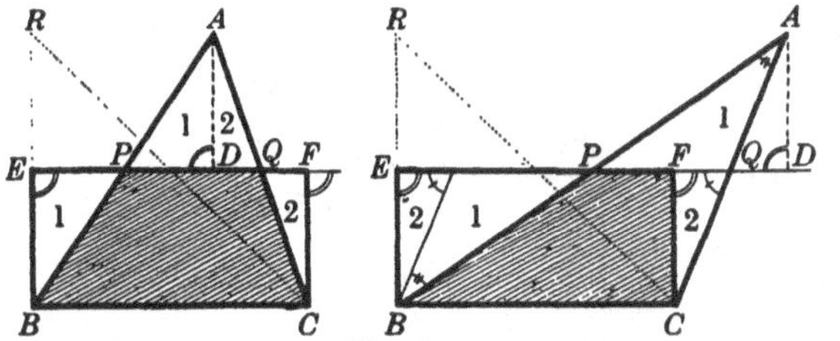


Fig. 67.

beziehung zwischen flächengleichen Dreiecken: bezeichnet man nämlich zwei Figuren als „zerlegungsgleich", wenn man jede von ihnen derart in endlich viele Dreiecke zerlegen kann, daß die beiderseitigen Teildreiecke paarweise kongruent sind, dann gilt der Satz

a) **In der h. Geometrie sind inhaltsgleiche Dreiecke zerlegungsgleich.**

Zum Beweise greifen wir zunächst mit Fig. 67 auf Nr. 77 zurück. Die Mittelpunkte $P$ und $Q$ der Dreiecksseiten lieferten dort das rechtwinklig-gleichschenklige Trapez $BCFE$. Hieraus ergibt sich nun ohne weiteres die Kongruenz der in den Fign. 67 mit gleichen Ziffern bezeichneten Dreiecke*) und die Zerlegungsgleichheit von Trapez und Dreieck.

Nicht ganz so einfach ist die Zerlegungsgleichheit des Trapezes und des Dreiecks nachzuweisen, wenn, wie in Fig. 68, die beiden Punkte $P$ und $Q$ außerhalb der Strecke $EF$ liegen. Hier erhält man die Zerlegung immer in folgender Weise: Es ist wegen der Kongruenz der Dreiecke $BPE$ und $APG$ (2. Kongruenzsatz) $PG \equiv PE$, d. h. spiegelt man $E$ an $P$, dann erhält man $G$. Ebenso leicht erkennt man, daß die Spiegelung von $G$ an $Q$ den Punkt $F$

*) Die weiter unten benötigten punktierten Linien der Fig. 67 kommen hier nicht in Betracht.

liefert, und nun spiegelt man weiter, $F$ an $P$ und erhält $D_1$, $D_1$ an $Q$ und erhält $D_2$, $D_2$ an $P$ und erhält $D_3$ usf. Diese abwechselnden Spiegelungen an $P$ und $Q$ setzt man so lange fort, bis eines der

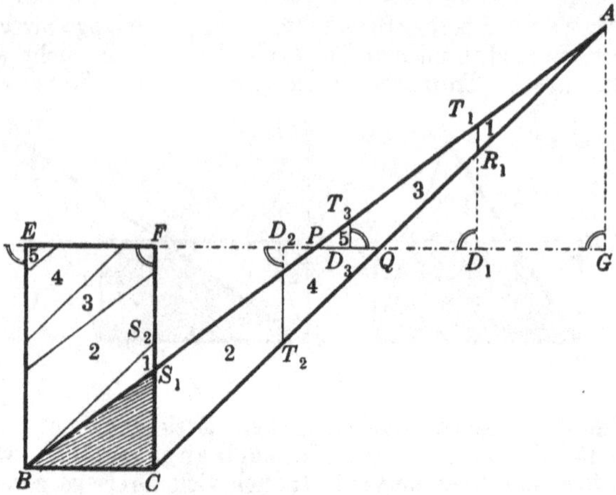


Fig. 68.

Spiegelbilder in die Strecke $PQ$ oder auf einen ihrer Endpunkte fällt. Das tritt, wie man ohne weiteres aus dem Archimedischen Axiom erkennt, nach endlich vielen Spiegelungen ein*). Nun zieht man von den Punkten $D_\nu$ mit ungeradem $\nu$ Teilungslinien nach oben, von den übrigen Punkten $D_\nu$ nach unten. Damit hat man den nicht zu $BCFE$ gehörenden Teil des $\triangle$ $ABC$ in Teile zerlegt, die man in der Reihenfolge, in der sie durch die Teilungslinien $D_\nu T_\nu$ abgeschnitten werden, mit 1, 2, 3, ... bezeichnet. Nun ist, wie man sofort erkennt, das Viereck $GD_1T_1A \equiv EFS_1B$, so daß man von dem letzteren das Dreieck 1 abteilen kann, das dem entsprechenden Dreieck im erstgenannten Viereck kon-

*) Hat nämlich $FP$ die Länge $f$ und $PQ$ die Länge $q$, dann gibt die Division von $f$ durch $q$ (neben einem Rest $0 \leq r < q$) einen Quotienten, der entweder ungerade oder gerade ist, $f = 2aq + r$ oder $f = (2b - 1)q + r$. Im ersten Fall ist der Punkt $D_{2a+1}$ der letzte, im zweiten Falle der Punkt $D_{2b}$. Das hier angegebene Verfahren zum Nachweise der Zerlegungsgleichheit des Trapezes und des Dreiecks stammt inhaltlich von A. Finzel, „Die Lehre vom Flächeninhalt in der allgemeinen Geometrie", Math. Ann. 72, 1912, S. 262—284, insbesondere S. 279—280. Es gilt für die absolute Geometrie.

gruent ist. Jetzt ist $FD_2T_2C \equiv GD_1R_1A \equiv EFS_2B$, daher kann man das Gebiet 2 davon abtrennen usw. So erkennt man in jedem Falle die Zerlegungsgleichheit des Trapezes $BCFE$ und des $\triangle ABC$. Daher gilt der Hilfssatz

$\alpha$) Ein Dreieck $ABC$ mit den Seitenmitten $P$ und $Q$ auf $AB$ und $AC$ ist zerlegungsgleich dem gleichschenklig-rechtwinkligen Trapez $BCFE$, das bei $E$ und $F$ rechtwinklig ist und dessen Seite $EF$ auf der Geraden $PQ$ liegt.

Aus den Fign. 67 und 68 ergibt sich ohne weiteres, daß im Trapez $BCFE$ wegen $\sphericalangle B \equiv \sphericalangle C$ (Satz 76 a) die Größe jedes dieser Winkel $\frac{1}{2}W$ ist, wenn $W$ die Winkelsumme des $\triangle ABC$ bezeichnet. Daraus folgt der Hilfssatz

$\beta$) Haben zwei Dreiecke gleiche Defekte und stimmen sie in einer Seite überein, dann haben sie kongruente zu dieser Seite gehörende Trapeze.

Nach $\alpha$) ist jedes dieser Dreiecke seinem Trapez zerlegungsgleich. Sind die Trapeze mit ihren Zerlegungslinien gezeichnet und fügt man nun noch in jedem Trapez die Zerlegungslinien des anderen Trapezes hinzu, dann enthalten die beiden Trapeze die gleichen Liniensysteme und sind dadurch in paarweise kongruente Teile zerlegt. Indem man nun alle hinzugekommenen Linien jedes Trapezes in die entsprechenden Gebiete der Dreieckszerlegung einträgt, ist damit eine Zerlegung der beiden Dreiecke gewonnen, die aus paarweise kongruenten Gebieten besteht*). Daher gilt der weitere Hilfssatz

$\gamma$) Haben zwei Dreiecke gleiche Defekte und stimmen sie in einer Seite überein, dann sind sie zerlegungsgleich.

Der Schluß, den wir unmittelbar vor $\gamma$) verwendeten, liefert den Hilfssatz

$\delta$) Sind zwei Figuren einer dritten zerlegungsgleich, dann sind sie untereinander zerlegungsgleich.

Wenn man in Fig. 67 $BE$ über $E$ hinaus um sich selbst bis $R$ verlängert, dann liegt die Mitte der Seite $RC$ des $\triangle RBC$ auf $EF$, wie man durch Anwendung des Satzes 77 a auf die Dreiecke $ABC$ und $RBC$ erkennt. Folglich gehört das Trapez $BCFE$ zu beiden Dreiecken; nach $\alpha$) sind sie beide dem Trapeze zerlegungsgleich und daher nach $\delta$) untereinander zerlegungsgleich. Da außerdem, wie

*) Es ist lehrreich, sich dies an einem Beispiel klarzumachen, etwa an der Fig. 67.

vor $\beta$) erwähnt wurde, $\sphericalangle\ EBC = \frac{1}{2}W$ ist, so folgt daraus der Hilfssatz

$\varepsilon$) Hat ein $\triangle\ ABC$ die Winkelsumme $W$, dann kann man es in ein ihm zerlegungsgleiches Dreieck verwandeln, dessen einer Winkel die Größe $\frac{1}{2}W$ hat.

Haben nun zwei Dreiecke denselben Inhalt, d. h. denselben Defekt und folglich dieselbe Winkelsumme $W$, dann verwandelt man beide nach $\varepsilon$) und erhält somit zwei ihnen zerlegungsgleiche Dreiecke mit dem gemeinsamen Winkel $\frac{1}{2}W$. Legt man diese letzten beiden Dreiecke mit ihren Winkeln $\frac{1}{2}W$ aufeinander, dann folgt daraus der Fall der Fig. 69. Fällt dabei $C$ auf $C_1$, dann muß auch $A$ auf $A_1$ fallen, da sonst eines der Dreiecke Teil des anderen und daher nach 105 b kleiner als dieses wäre. Tritt dies nicht ein, dann kann aus dem gleichen Grunde nicht eines der beiden Dreiecke, etwa $ABC$, innerhalb des anderen, $A_1BC_1$, liegen. Daher zerlegt die Linie $AC_1$ jedes der beiden Dreiecke, und da, wie man leicht erkennt, die Dreiecke $AC_1A_1$ und $AC_1C$ defektgleich und folglich nach $\gamma$) zerlegungsgleich sind, ist damit der Satz 106a bewiesen.

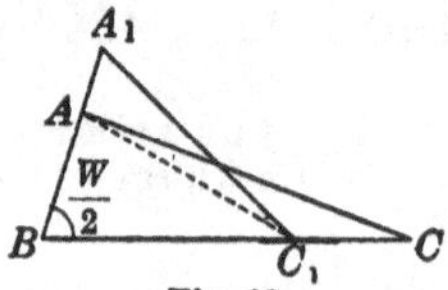

Fig. 69.

## Flächeninhalt des Kreises. Sektor der Abstandslinie.

**107.** Um den Flächeninhalt des Kreises in der h. Geometrie zu berechnen, legen wir den Kreis, wie in den Nrn. 99 und 100, an die wir uns auch sonst anschließen, mit dem Mittelpunkt auf $M$, Fig. 64, Nr. 96. Das Teildreieck $BCM$ des ($C$) einbeschriebenen regulären $n$-Ecks hat den Flächeninhalt $\frac{1}{2}\pi - \gamma_h - {}^{\pi}/_{n}$, und es gilt nach Gl. (93, 5) $\operatorname{tg} {}^{\pi}/_{n}\, \mathfrak{Cof}\, \mathfrak{r} = \operatorname{cotg} \gamma_h = \operatorname{tg}(\frac{1}{2}\pi - \gamma_h)$. Nun ist nach dem Additionstheorem der Tangensfunktion $\operatorname{tg}(\frac{1}{2}\pi - \gamma_h - {}^{\pi}/_{n}) = (\operatorname{tg}(\frac{1}{2}\pi - \gamma_h) - \operatorname{tg} {}^{\pi}/_{n}) : (1 + \operatorname{tg}(\frac{1}{2}\pi - \gamma_h) \operatorname{tg} {}^{\pi}/_{n})$. Für die Inhalte der einbeschriebenen regulären $n$-Ecke $2n(\frac{1}{2}\pi - \gamma_h - {}^{\pi}/_{n}) = 2\, n \operatorname{tg} {}^{\pi}/_{n}\, (\mathfrak{Cof}\, \mathfrak{r} - 1)\, (\frac{1}{2}\pi - \gamma_h - {}^{\pi}/_{n}) : \operatorname{tg}(\frac{1}{2}\pi - \gamma_h - {}^{\pi}/_{n})\, (1 + \operatorname{cotg} \gamma_h \operatorname{tg} {}^{\pi}/_{n})$ erhält man also, wenn man $n \to \infty$ werden läßt, was $\gamma_h \to \frac{1}{2}\pi$ nach sich zieht, den Grenzwert $2\pi\, (\mathfrak{Cof}\, \mathfrak{r} - 1)$.

Ebenso findet man für die Inhalte der umschriebenen regulären $n$-Ecke, da nach (93, 6) $\sin {}^{\pi}/_{n}\, \mathfrak{Cof}\, \mathfrak{r} = \cos \beta_h$ ist, wegen $\sin(\frac{1}{2}\pi - \beta_h - {}^{\pi}/_{n}) = \cos(\beta_h + {}^{\pi}/_{n}) = \cos\beta_h \cos{}^{\pi}/_{n} - \sin\beta_h \sin{}^{\pi}/_{n}$ die Werte $2n(\frac{1}{2}\pi - \beta_h - {}^{\pi}/_{n}) = 2n\sin{}^{\pi}/_{n}(\mathfrak{Cof}\,\mathfrak{r}\cos{}^{\pi}/_{n} - \sin\beta_h)(\frac{1}{2}\pi - \beta_h - {}^{\pi}/_{n}) : \sin(\frac{1}{2}\pi - \beta_h - {}^{\pi}/_{n})$, also für $n \to \infty$, was $\beta_h \to \frac{1}{2}\pi$ zur Folge hat, den Grenzwert $2\pi(\mathfrak{Cof}\,\mathfrak{r} - 1)$.

Dieser Wert wird auch hier von den monotonen Folgen der Inhalte der ein- bzw. der umbeschriebenen regulären Vielecke von unten bzw. von oben eingeschlossen. Bezeichnet man ihn als den Flächeninhalt des Kreises, so erhält man den Satz:

a) In der h. Geometrie hat ein Kreis vom Halbmesser $\mathfrak{r}$ den Inhalt*) $2\pi(\mathfrak{Cof}\,\mathfrak{r} - 1) = 4\pi\,\mathfrak{Sin}^2(\frac{\mathfrak{r}}{2})$.

Sucht man in der h. Geometrie eine Konstruktion, welche aus dem Halbmesser eines Kreises die Seite eines dem Kreis inhaltsgleichen Quadrates liefert, dann erkennt man sofort, daß man dieses Ziel nicht bei jedem Kreis erreichen kann, da, wie erwähnt, der Inhalt eines Kreises mit seinem Radius über alle Grenzen wächst, während aus der Zerlegung eines Quadrates durch eine Diagonale in zwei Dreiecke folgt, daß dessen Inhalt immer unter $2\pi$ liegt. J. Bolyai hat aber für einen speziellen Fall die Möglichkeit der Quadratur eines Kreises in der h. Geometrie nachgewiesen, indem er gezeigt hat, daß es hier, im Gegensatze zur e. Geometrie, einen Kreis gibt, nämlich den mit dem Inhalte $\pi$, den man mit Zirkel und Lineal mit einer endlichen Anzahl von Konstruktionsschritten in ein inhaltsgleiches Quadrat verwandeln kann; vgl. hierzu Bonola-Liebmann [1], S. 102.

Der Flächeninhalt eines Kreissektors mit dem Zentriwinkel $\alpha$ ergibt sich zu $\alpha(\mathfrak{Cof}\,\mathfrak{r} - 1)$.

b) Um den Inhalt der Fläche $G$ zu finden, die von einem Bogen einer Abstandslinie vom Halbmesser $\mathfrak{q}$, der zugehörigen Basis von der Länge $\mathfrak{g}$ und den Loten in deren Endpunkten begrenzt wird, teilt man $\mathfrak{g}$ in $n$ gleiche Teile, errichtet in den Teilpunkten die Lote auf der Achse und zieht in ihren Schnittpunkten mit der Linie die Tangenten an diese; je zwei benachbarte von ihnen schneiden sich, wenn $n$ groß genug ist. Die entstandenen Trapeze werden

*) Auch hier haben wir wesentlich exponentielles Wachstum des Inhalts mit wachsendem Radius.

durch ihre Symmetrieachsen in Spitzecke*) zerlegt, deren spitze Winkel die Größe $\delta$ haben mögen. Der Inhalt eines solchen ist $2\pi - \frac{3}{2}\pi - \delta = \frac{1}{2}\pi - \delta$. Nun folgt aus (95, 9) (mit $\gamma = \frac{1}{2}\pi$) $\sin(\frac{1}{2}\pi - \delta) = \mathfrak{Sin}\, \mathfrak{g}/_{2n}\, \mathfrak{Sin}\, \mathfrak{q}$. Von der Gesamtfläche zwischen Grundlinie und umschriebenem Polygonzug, die den Inhalt $2n(\frac{1}{2}\pi - \delta)$ hat, führt der Grenzübergang für $n \to \infty$ zu

$$G = \mathfrak{g}\, \mathfrak{Sin}\, \mathfrak{q}.$$

Man könnte ebensogut von einem einbeschriebenen Sehnenzug ausgehen. Um- und einbeschriebener Polygonzug schließen zusammen mit den übrigen begrenzenden Strecken die Größe $G$ ein, nähern sie also von oben und unten her an.

Nach dem gefundenen Ergebnis ist die Gesamtfläche zwischen einer Abstandslinie und ihrer Achse unendlich groß.

c) Die Fläche, die von zwei im gegenseitigen Abstand $\mathfrak{d}$ zwischen denselben Radien liegenden Grenzkreisbogen, deren kleinerer die Länge $\mathfrak{a}$ habe, und Stücken der Radien umrandet wird, kann man ausgehend von der Differenz zweier Kreissektorenflächen (Nr. 107a) berechnen; ihr Inhalt wird wegen $\lim\limits_{\mathfrak{r}\to\infty} \alpha\, \mathfrak{Sin}\, \mathfrak{r} = \mathfrak{a}$ (Nr. 100b) für $\mathfrak{r} \to \infty$ (Nr. 72)

$$\begin{aligned} &\alpha(\mathfrak{Cos}(\mathfrak{r}+\mathfrak{d}) - 1) - \alpha(\mathfrak{Cos}\,\mathfrak{r} - 1) = \\ &\alpha\, \mathfrak{Sin}\,\mathfrak{r}\,(\mathfrak{Cotg}\,\mathfrak{r}\, \mathfrak{Cos}\,\mathfrak{d} + \mathfrak{Sin}\,\mathfrak{d} - \mathfrak{Cotg}\,\mathfrak{r}) \\ &\to \mathfrak{a}\,(\mathfrak{Cos}\,\mathfrak{d} + \mathfrak{Sin}\,\mathfrak{d} - 1) = \mathfrak{a}\,(e^{\mathfrak{d}} - 1). \end{aligned}$$

**108.** Wächst der Halbmesser eines h. Kreises über alle Grenzen, dann wächst, wie man aus Satz 107a sofort erkennt, auch der h. Kreisinhalt über alle Grenzen. Wendet man dies auf die konzentrischen Kreise mit dem Mittelpunkt $M$ an, dann ergibt sich, daß der h. Inhalt von $(K)$ unendlich ist. Daraus folgt, analog dem e. Fall,

a) In der h. Geometrie hat die ganze Ebene unendlichen Inhalt.

$UV$ sei nun irgendeine Sehne von $(K)$, vgl. Fig. 64, Nr. 96. Nach Satz 48a kann man durch eine h. Bewegung $P$ auf $M$ legen und damit das schraffierte Kreissegment auf die halbe Fläche von $(K)$. D. h.

*) Siehe Nr. 84, erste Fußnote.

b) In der Deutung $\{\mathfrak{D}\}$ der h. Geometrie hat jedes Kreissegment von $(K)$ unendlichen h. Inhalt.

## Flächen zwischen parallelen Geraden.

**109.** Hat man zwei h. überparallele Gerade, dann schneiden sie in der Deutung $\{\mathfrak{D}\}$ auf jeder Seite ein Stück des Kreises $(K)$ aus. Man kann demnach in dem von ihnen begrenzten Bereiche Segmente von $(K)$ angeben, daher folgt aus dem Satze 108 b der Satz

a) Sind in der h. Geometrie $AA_1$, $BB_1$ zwei überparallele Halbgerade, Fig. 70, dann hat die von diesen Halbgeraden und der Strecke $AB$ begrenzte Fläche unendlichen Inhalt.

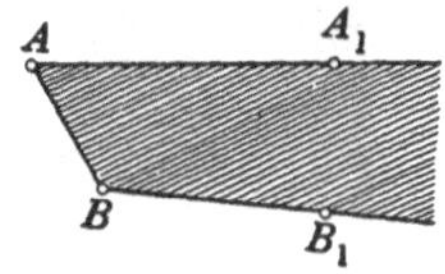


Fig. 70.

**110.** Liegen zwei randparallele Halbgerade vor, dann kann man durch eine h. Bewegung den Endpunkt der einen auf $M$ legen. Sie mögen dann in Fig. 71 die Lagen $p$ und $q$ annehmen. Wir betrachten nun das e. $\triangle MUQ$ und bezeichnen als seinen h. Inhalt den Grenzwert der h. Inhalte (d. h. der Defekte) der e. ähnlichen Dreiecke $MU_1Q_1$, $MU_2Q_2, \ldots, MU_\nu Q_\nu, \ldots$ Nach Satz 68 b konvergieren die h. Größen der $\sphericalangle MQ_\nu U_\nu$ gegen einen von 0 verschiedenen Grenzwert $\chi_h$, während nach Satz 68 d die Folge der $\sphericalangle MU_\nu Q_\nu$ den Grenzwert 0 hat. D. h.

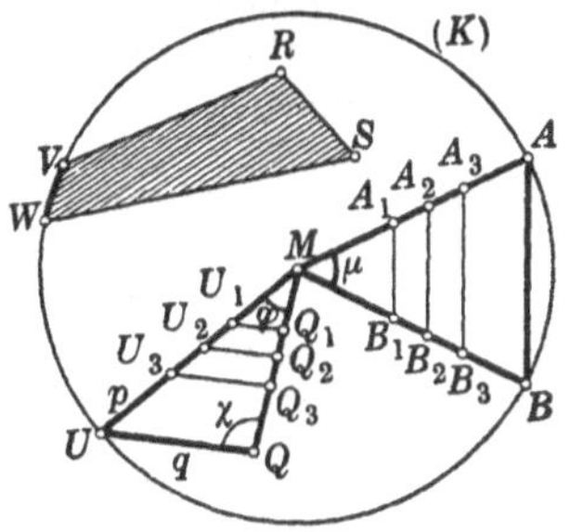


Fig. 71.

a) Sind in der h. Geometrie $PR$ und $QS$ zwei randparallele Halbgerade, Fig. 72, dann hat die von ihnen und der Strecke $PQ$ begrenzte Fläche den Inhalt $\pi - \varphi - \chi$, wobei $\varphi$ und $\chi$ die Winkel $RPQ$ und $PQS$ sind.

Hier weicht wieder die h. Geometrie wesentlich von der e. ab, da die e. aufgefaßte Fig. 72 für das betreffende Flächenstück unendlichen Inhalt liefern würde. Zu beachten ist die in den Sätzen 109 a und 110 a zutage tretende Verschiedenheit zwischen den überparallelen und den randparallelen Geraden. In Fig. 71 hat das von den Strecken $VR$, $RS$, $SW$ und dem Bogen $VW$ begrenzte Ebenenstück unendlichen h. Inhalt. Dabei wird der Inhalt des Flächenstückes dadurch unendlich, daß zu dem endlichen h. Inhalt des Vierecks $VRSW$ der unendliche h. Inhalt des von der Sehne $VW$ abgeschnittenen Segments hinzukommt.

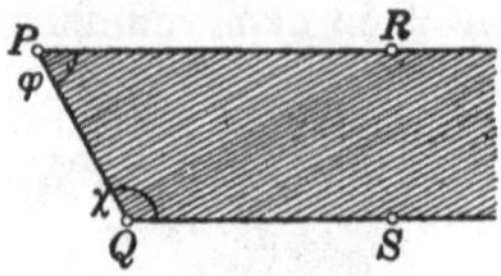

Fig. 72.

Aus den Sätzen 108 b und 110 a leitet man sofort den Satz ab, daß der h. Inhalt eines Teilgebietes von $(K)$, dessen Rand, soweit er aus eigentlichen Punkten besteht, außerhalb eines gewissen, wenn auch noch so großen Kreises aus einer endlichen Anzahl geradliniger Stücke besteht, endlich oder unendlich ist, je nachdem die Berandung nur endlich viele Punkte von $(K)$ oder mindestens einen Bogen von $(K)$ enthält. Die Sätze 109 a und 110 a sind Beispiele dafür.

Aus 107 c ergibt sich für $\mathfrak{b} \to -\infty$:

b) Der Inhalt der Fläche, die von einem Grenzkreisbogen der Länge $\mathfrak{a}$ und den in seine beiden Endpunkte mündenden Radien eingeschlossen wird, hat den Betrag $\mathfrak{a}$.

### Asymptotische Dreiecke.

**111.** In der Geschichte der Nichteuklidischen Geometrie ist außer den Grenzkreisen noch eine Art von Grenzgebilden zu Bedeutung gelangt, die wir bisher noch nicht behandelt haben; es sind das die „asymptotischen Dreiecke“, die wir jetzt betrachten wollen. Indem man einen, zwei oder alle drei Eckpunkte eines Dreiecks je auf einer Geraden ins Unendliche rücken läßt, erhält man drei Typen von Figuren:

a) Zwei Punkte, ihre Verbindungsstrecke und zwei von ihnen ausgehende randparallele Halbgerade (Fig. 72 oder

$\triangle MQU$ in Fig. 71). Ein solches „Dreieck" heißt „einfach asymptotisches Dreieck".

b) Zwei nicht auf einer Geraden liegende Halbgerade mit gemeinsamem Endpunkt und die zu beiden randparallele Gerade, $\triangle MAB$ in Fig. 71, „zweifach asymptotisches Dreieck".

c) Drei Gerade von folgender Eigenschaft: zerlegt man irgendeine von ihnen durch einen Punkt in zwei Halbgerade, dann ist jede dieser Halbgeraden zu genau einer der beiden anderen Geraden randparallel, $\triangle ABU$ in Fig. 71, „dreifach asymptotisches Dreieck".

Da die Randpunkte nach dem Vollständigkeitssatze, Nr. 36, nicht alle Axiome der h. Geometrie erfüllen können, gehören die asymptotischen Dreiecke nicht zu den eigentlichen Dreiecken. Ihr Name erinnert an eine Erweiterung der h. Ebene durch unendlich ferne Randpunkte, die der in Nr. 47 erwähnten Erweiterung der e. Ebene durch die Punkte der unendlich fernen Geraden entspricht. (Vgl. auch Nr. 63.)

**112.** Indem man einen Punkt der jeweils zu untersuchenden Seite eines asymptotischen Dreiecks durch eine h. Bewegung auf $M$ legt und Satz 71 b berücksichtigt, erkennt man sofort die Tatsache

a) Im einfach (zweifach, dreifach) asymptotischen Dreieck sind zwei (drei) Seiten h. unendlich groß.

Das einfach asymptotische Dreieck $MQU$ haben wir schon in Nr. 110 behandelt, im zweifach asymptotischen Dreieck $MAB$ der Fig. 71 kann man ganz entsprechend die Folge der Dreiecke $MA_\nu B_\nu$ betrachten, das dreifach asymptotische Dreieck kann man offenbar von irgendeinem Punkt in seinem Innern aus in drei zweifach asymptotische Dreiecke zerlegen. Das führt unmittelbar zu dem Satze

b) In der h. Geometrie hat ein einfach asymptotisches Dreieck mit den Winkeln $\alpha$, $\beta$ den Inhalt $\pi - (\alpha + \beta)$, der Inhalt eines zweifach asymptotischen Dreiecks mit dem Winkel $\alpha$ ist $\pi - \alpha$, jedes dreifach asymptotische Dreieck hat den Inhalt $\pi$*).

*) Man beweist leicht die Kongruenz aller dreifach asymptotischen Dreiecke, ebenso die aller inhaltsgleichen zweifach asymptotischen Dreiecke.

Gauß leitete aus dem von ihm als konstant erkannten Inhalt der dreifach asymptotischen Dreiecke die Inhaltsformel für das zweifach asymptotische Dreieck ab und fand daraus dann die Inhaltsformel für das h. eigentliche Dreieck, indem er von dem dreifach asymptotischen Dreieck drei zweifach asymptotische Dreiecke abzog. Vgl. Gauß, Werke VIII, S. 221—223.

**Uneigentliche Elemente.**

**113.** Geht man in der Einführung uneigentlicher Punkte in der h. Geometrie noch über die in Nr. 111 herangezogenen Randpunkte hinaus, indem man die schon in einer Fußnote zu Nr. 63 erwähnten „Überpunkte" einführt, das sind in der Deutung {𝔇} die eigentlichen und uneigentlichen e. Punkte der Ebene außerhalb $(K)$*), dann kann man Dinge unter einheitlichen Gesichtspunkten zusammenfassen, die nach unserer bisherigen Darstellung scheinbar weit auseinanderliegen. Als Beispiel für diese Auffassung, die für die weitere Entwicklung der Nichteuklidischen Geometrie bedeutungsvoll geworden ist, seien die h. Kreise, Grenzkreise und Abstandslinien betrachtet. Aus Nr. 27c, 65a und 67b folgt

a) In der h. Geometrie durchsetzt ein (eigentlicher) Kreis, ein Grenzkreis, eine Abstandslinie die Geraden eines „Büschels" senkrecht, und der Büschelmittelpunkt ist im ersten Fall ein eigentlicher Punkt, im zweiten ein Randpunkt, im dritten ein Überpunkt**).

In Fig. 34 (Nr. 65) ist der zugehörige Büschelmittelpunkt, e. gesprochen, der uneigentliche Punkt der zu $d$ senkrechten Richtung. Dieser Punkt hat von den Punkten von $(C)$, wie man sofort berechnet, h. konstanten (imaginären) Abstand. Da weiterhin die Punkte eines Grenzkreises nach Nr. 71b von seinem Randpunkte h. unendliche Entfernungen haben, folgt

*) Ist $A$ ein eigentlicher Punkt, $B$ ein Überpunkt, dann hat die Entfernung der beiden Punkte voneinander einen imaginären Wert, wie sich aus Satz 71 a ergibt, da dann $(ABUV)$ negativ wird (vgl. das nach 95, 9 Gesagte).
Auch die Überpunkte können nach dem Vollständigkeitssatze nicht mehr alle Axiome der h. Geometrie erfüllen.

**) Im letzten Fall ist der Büschelmittelpunkt in der Deutung {𝔇} der zu $(K)$ gehörende e. Pol der Achse der Abstandslinie (Nr. 65).

b) In der h. Geometrie kann man die Grenzkreise als Kreise mit unendlich großem Halbmesser auffassen, die Abstandslinien als Kreise mit imaginärem Halbmesser. Der Mittelpunkt eines Grenzkreises ist sein Randpunkt, der einer Abstandslinie ein Überpunkt.

Nennt man jede Gerade durch den Mittelpunkt „Durchmesser" der betreffenden Kurve und berücksichtigt man die Sätze 61b, 65b und 67c, dann ergibt sich sofort folgender weiterer Satz:

c) In der h. Geometrie geht ein (eigentlicher) Kreis, ein Grenzkreis, eine Abstandslinie durch Spiegelung an irgendeinem Durchmesser in sich über.

Den letzten Satz kann man auch noch in einer etwas anderen, für manche Betrachtungen nutzbringenden Weise fassen: Spiegelt man in der h. Geometrie einen (eigentlichen) Punkt an allen Geraden eines „Büschels", dann bildet die Gesamtheit der so gewonnenen Punkte einen (eigentlichen) Kreis, einen Grenzkreis oder eine Abstandslinie, je nachdem der Büschelmittelpunkt ein eigentlicher Punkt, ein Randpunkt oder ein Überpunkt ist.

Im folgenden wollen wir mit einer axiomatischen Bemerkung zu der ausschließlichen Betrachtung der eigentlichen Punkte zurückkehren.

## Absoluter Charakter der Strecken- und Inhaltsmessung.

**114.** In den Nrn. 29, 31 und 32 wurde die Strecken- und Winkelmessung in der absoluten Geometrie behandelt. Diese beiden Messungen zerfallen in zwei Schritte: zunächst die Festlegung einer Einheit und anschließend die Bestimmung der Maßzahl, die dann ausschließlich mit Hilfe der Axiome, vor allem der Stetigkeitsaxiome gewonnen wird.

Dabei besteht zwischen der Festlegung der Winkeleinheit und der Streckeneinheit ein grundsätzlicher Unterschied. Man kann nämlich die Winkeleinheit nach Nr. 32 festlegen, indem man dem rechten Winkel einen bestimmten Wert beilegt, etwa wie dort den Wert $\frac{1}{2}$ oder, wie wir es in Nr. 61 in der üblichen

Weise getan haben, den Wert $\frac{1}{2}\pi$. Da die rechten Winkel aus den Axiomen heraus als die Winkel definiert werden, die einem ihrer Nebenwinkel gleich sind, kann die Winkeleinheit durch eine Vorschrift erfaßt werden, welche nur durch die Axiome bereitgestellte Begriffe verwendet, d. h. rein axiomatisch. Anders bei der Wahl der Streckeneinheit nach Nr. 29: Man kann sie nicht rein axiomatisch definieren, sondern nur dadurch angeben, daß man sie zeigt, eine sinnliche Wahrnehmung zu Hilfe nimmt.

Daraus daß bei der Winkelmessung auch der obenerwähnte erste Schritt rein axiomatisch ist, folgt, daß ein Geometer einem anderen die Winkelmessung mit Worten so beschreiben kann, daß der zweite Geometer, wenn er die gleiche Deutung des Axiomensystems wie der erste denkt, jedem Winkel dieselbe Größe beilegt wie der erste, und daß der zweite auch dann eindeutig die Größe jedes Winkels erhält, wenn die beiden nach Nr. 15 mit verschiedenen Deutungen des Axiomensystems arbeiten. Bei der Festlegung der Einheitsstrecke aber müssen beide zunächst dieselbe Deutung denken und der erste muß überdies dem zweiten eine bestimmte, durch die Axiome allein in keiner Weise logisch faßbare Strecke als Einheitsstrecke zeigen.

Dieser Sachverhalt wird durch den mit der Einführung des e. Parallelenaxioms **E** gewonnenen Übergang zur e. Geometrie nicht verändert und gilt auch für die auf der Streckenmessung aufgebaute e. Inhaltsmessung, d. h.

a) Im axiomatischen Aufbau der e. Geometrie kann die Winkelmessung rein logisch definiert, aus den Axiomen mit Worten beschrieben werden, sie ist dann in jeder beliebigen Deutung des Axiomensystems bestimmt; die Strecken- und die Inhaltsmessung dagegen ist nicht rein logisch definierbar, sie kann nur in jeder einzelnen Deutung des Axiomensystems, und zwar durch Aufzeigen einer Einheit festgelegt werden.

Man charakterisiert den durch diesen Satz klargestellten Unterschied zwischen den beiden Messungen in der e. Geometrie dadurch, daß man sagt, es gibt in der e. Geometrie zwar eine „absolute“ Winkelmessung, aber keine absolute, sondern nur eine „relative“ Strecken- und Inhaltsmessung*).

**115.** Setzt man die absolute Geometrie nicht in der e., sondern durch Einführung des Nichteuklidischen Parallelenaxioms E′ in der h. Geometrie fort, dann ändert sich an dem absoluten Charakter der Winkelmessung dadurch nichts, aber hier wird auch die Streckenmessung absolut: Ist z. B. eine h. Strecke gegeben, dann trägt man vom einen Endpunkte der Strecke aus eine zu ihr senkrechte kongruente Strecke an und erhält damit ein rechtwinklig-gleichschenkliges Dreieck. Ist $\alpha$ die Größe von dessen spitzen Winkeln, dann ist wegen Gl. (93, 6) die Länge $\mathfrak{a}$ der gegebenen Strecke durch $\mathfrak{Cof}\,\mathfrak{a} = \operatorname{cotg} \alpha$ aus den h. Axiomen heraus bestimmt, ohne daß eine Einheitsstrecke in sinnlich wahrnehmbarer Weise aufgezeigt werden müßte. Der absolute Charakter der h. Inhaltsmessung endlich folgt unmittelbar daraus, daß sie nach Satz 105c allein auf der Winkelmessung beruht. D. h.

a) In der h. Geometrie gibt es eine absolute Winkelmessung und eine absolute Strecken- und Inhaltsmessung.

Der Vergleich der Sätze 114a und 115a liefert die Erkenntnis

b) Die h. Geometrie ist der e. Geometrie axiomatisch darin überlegen, daß man in ihr die Größen der Winkel, Strecken, Flächen rein logisch-axiomatisch definieren kann, während dies in der e. Geometrie nur bei den Winkeln sowie bei den Streckenverhältnissen und Flächenverhältnissen möglich ist.

Mehr als dieser Satz ausspricht, kann man im axiomatischen Aufbau der e. Geometrie und damit auch in dem der absoluten Geometrie nicht erreichen. Letzten Endes handelt es sich bei diesem Unterschied zwischen der h. und der e. Geometrie

*) Eine Verwechslung mit der in Nr. 60 in ganz anderem Sinn eingeführten Bezeichnung „absolut“ ist wohl ausgeschlossen; dort wurde sprachliche Anlehnung an den Ausdruck „absolute Geometrie“ erstrebt, der ebenfalls mit der hier eingeführten Bedeutung von „absolut“ nichts zu tun hat.

um eine Folge des Satzes 70a, nach dem es in der h. Geometrie, im Gegensatz zur e., keine ähnlichen, nicht kongruenten Figuren gibt.

Schon Lambert hatte erkannt, daß die Hypothese des spitzen Winkels wegen des Wegfallens ähnlicher Figuren zu einer absoluten Längeneinheit führt, und auch Gauß hat sich spätestens 1808 mit dieser Tatsache eingehend beschäftigt.

# VI. Abschnitt.

# Schlußbetrachtungen.

### Beweiskraft der Deutung {𝔇}.

**116.** Im vorstehenden haben wir die h. Sätze mittels der Deutung {𝔇} gefunden. Dieser Weg ist für den mit der e. Geometrie Vertrauten bequem, und die Ergebnisse, zu denen er führt, prägen sich dem Gedächtnis leicht ein, vor allem wegen der anschaulichen Einfachheit der Deutung {𝔇}. Zudem wird dabei der unmittelbare Zusammenhang zwischen der Widerspruchslosigkeit der h. und der e. Geometrie klar beleuchtet.

Und doch kann man einen sehr ernst zu nehmenden Einwand gegen dieses Verfahren machen, der sich allerdings entkräften läßt. Der, besonders von C. Carathéodory gemachte Einwand ist der folgende: Wenn man h. Sätze in der Weise ableitet, daß man e. Aussagen vermittels der Deutung {𝔇} in h. verwandelt, dann ist es denkbar, daß dabei Sätze als h. gefunden werden, die gar nicht zur h. Geometrie gehören, da sie nicht in jeder Deutung des h. Axiomensystems gelten.

Es würde uns hier zu weit führen, im einzelnen auf dieses Bedenken einzugehen, wir wollen nur den Weg der Widerlegung andeuten: Allein auf den Axiomen der h. Geometrie aufbauend kann man, wie es z. B. Lobatschefskij getan hat*), in eindeutiger Weise die h. Trigonometrie und analytische Geometrie entwickeln, überhaupt alle in den Axiomen vor-

*) Worauf wir schon gegen Ende von Nr. 95 hingewiesen hatten. Ebenso gehen vor F. Schur [12], H. Liebmann [8] und O. Perron [11].

kommenden geometrischen Begriffe analytisch fixieren. Das kann man nun in jeder Deutung des h. Axiomensystems durchführen, daher sind die verschiedenen Deutungen analytisch identisch, und alle Sätze, die man auf dem Weg über die Deutung {𝔇} findet, gehören in dem Sinne zum Bestande der h. Geometrie, daß sie in jeder Deutung des h. Axiomensystems gelten*). Man drückt dies auch so aus: Alle Darstellungen der klassischen Nichteuklidischen Geometrie sind isomorph; das Axiomensystem dieser Geometrie ist „monomorph"**).

## Die elliptische Geometrie.

**117.** Die in Nr. 7 zuerst genannte Hypothese des stumpfen Winkels hatte G. Saccheri als mit anderen e. Axiomen unverträglich ablehnen können. Auf dem Wege analytischer Betrachtungen, die durch Gauß' differentialgeometrische Arbeiten beeinflußt waren, gelangte B. Riemann (1826—66) in seiner berühmt gewordenen Probevorlesung „Über die Hypothesen, welche der Geometrie zugrunde liegen" im Jahre 1854 zu allgemeineren metrischen Geometrien, die außer der hier behandelten Nichteuklidischen Geometrie unter anderem noch zwei von der h. Geometrie verschiedene, dem Parallelenaxiom widersprechende Geometrien umfassen, in welchen es zu einer beliebigen Geraden durch einen beliebigen Punkt keine Parallele gibt. Es ist das die aus der sphärischen Trigonometrie bekannte sphärische Geometrie, die

*) Die neben dem hier behandelten „Kleinschen Bild" bekannteste übrigens mit ihm eng zusammenhängende Deutung der Nichteuklidischen Geometrie bietet das „Poincarésche Modell". Mit ihm arbeitet H. Meschkowski [10] vorzugsweise. Eine Reihe weiterer Deutungen oder „Abbildungen" findet sich bei F. Löbell „Landkarten" der nichteuklidischen Ebene, Jahresbericht d. D. M. V. 54 (1950), S. 4—23.

**) Wenn man eine Nichteuklidische Geometrie auf geringeren Voraussetzungen aufbaut, die dann zwar umfassender, aber natürlich auch weniger inhaltsreich ist, kann es vorkommen, daß mehrere nicht-isomorphe Darstellungen existieren. Hierzu ziehe man vor allem das in der Fußnote auf S. 74 zitierte, grundlegende Buch von F. Bachmann zu Rate; vgl. ferner W. Pejas, Die Modelle des Hilbertschen Axiomensystems der absoluten Geometrie, Math. Ann. 143 (1961), S. 212—235, und W. Schwabhäuser, Entscheidbarkeit und Vollständigkeit der elementaren hyperbolischen Geometrie, Zeitschr. f. math. Logik u. Grundlagen d. Math. 5 (1959), S. 132—205, spez. S. 176f.

schon der Forderung Euklids widerspricht*), nach der es durch zwei Punkte nur eine Gerade geben kann, weiterhin eine Geometrie, in der die Hypothese des stumpfen Winkels erfüllt ist. In der Folge wurden diese vielfach als „Riemannsche Geometrien“ bezeichnet.

Auf Ergebnissen von A. Cayley (1821—95) fußend, hat der weitbekannte Göttinger Mathematiker F. Klein (1849—1925) die unseren Betrachtungen zugrunde liegende Deutung {𝔇} für das Axiomensystem der h. Geometrie gefunden und darüber hinaus durch projektive Betrachtungen einen überraschend einfachen Zusammenhang zwischen der h. Geometrie von Lobatschefskij-Bolyai und der Riemannschen nicht-sphärischen Geometrie aufgedeckt**). Für die letztgenannte prägte er den Namen „elliptische Geometrie“.

**118.** Das für uns Wesentlichste der Kleinschen Überlegungen ist folgendes:

Wie man in der Deutung {𝔇} der h. Geometrie nach Satz 71a die h. Streckenlänge durch den projektiven Begriff des Doppelverhältnisses fassen kann, so ist es auf dem Weg über das Imaginäre auch möglich, die h. Winkelgröße durch ein Doppelverhältnis auszudrücken, indem man den Wert des (komplexen) Doppelverhältnisses $\delta$ bestimmt, das die Schenkel des Winkels mit den (konjugiert komplexen) vom Scheitel ausgehenden Tangenten an den Randkreis bilden; einer der Werte von $\frac{1}{2}\, i \ln \delta$ ist dann die h. Größe des betreffenden Winkels***). Damit sind, wenn man von der unwesentlichen Verschiedenheit der Konstanten in beiden Messungen absieht, die h. Strecken- und Winkelgrößen projektiv erfaßt, und zwar in zueinander dualer Weise unter Verwendung der Punkte und Tangenten des Randkreises. Daher lassen sich nun, wenn man noch die Randpunkte und die Überpunkte der Nr. 113

*) Die „Geraden“ sind in dieser Deutung größte Kreise, und es gibt Paare von Punkten, z. B. Nord- und Südpol, die nicht nur eine einzige Gerade, sondern eine unendliche Menge von Geraden bestimmen.

**) Vgl. hierzu F. Klein [7]. Hier muß auch noch hingewiesen werden auf das Werk von L. Heffter, Grundlagen und analytischer Aufbau der Projektiven, Euklidischen, Nichteuklidischen Geometrie. Leipzig 1958³.

***) Die Ableitung dieses Satzes ist nicht schwer, würde uns aber hier zu weit führen. Vgl. Nr. 71.

einführt, die Sätze der h. Geometrie als Sätze der projektiven Geometrie mit Auszeichnung des Randkreises aussprechen.

Es liegt nun nahe die h. Geometrie projektiv zu verallgemeinern, zunächst, indem man an Stelle des Randkreises einen beliebigen reellen, nicht zerfallenden Kegelschnitt wählt. Das liefert nichts Neues. Setzt man dagegen an die Stelle des reellen Randkegelschnittes einen imaginären Kegelschnitt mit reeller Gleichung, etwa den imaginären Kreis $(I)$ $x^2 + y^2 + 1 = 0$, und macht man projektiv dieselben Aussagen wie vorher in bezug auf $(K)$ jetzt in bezug auf $(I)$, dann erhält man eine neue Geometrie, eben die elliptische. Die h. und die elliptische Geometrie unterscheiden sich in dieser projektiven Auffassung nur dadurch, daß im einen Fall ein reeller Kegelschnitt zugrunde gelegt wird, im anderen Fall ein nicht reeller Kegelschnitt*). In beiden Fällen kann man statt des Kegelschnitts die durch ihn bestimmte Polarität zugrunde legen, die immer eine Beziehung zwischen reellen Elementen ist.

In der elliptischen Geometrie deutet man alle Punkte der e. Ebene, in der $(I)$ liegt, als elliptische Punkte, dazu noch die Punkte der uneigentlichen Geraden der e. Ebene. Als Abstand zweier Punkte $A, B$ definiert man den mit einer rein imaginären Konstanten multiplizierten Logarithmus des Doppelverhältnisses $(ABU\overline{U})$, wobei $U$ und $\overline{U}$ die konjugiert komplexen Punkte sind, in denen die Gerade $AB$ den Kreis $(I)$ trifft. Die elliptische Größe des Winkels zweier Halbgeraden wird projektiv dual dazu gefaßt, genau wie oben die h. Winkelgröße. Da der Kreis $(I)$ keinen reellen Punkt hat, gibt es hier auch keine parallelen Geraden. Die Gerade hat hier keinen unendlich fernen Punkt, und diese Analogie zur Ellipse veranlaßte Klein zur Bezeichnung „elliptische Geometrie". Nun kann man in vollständiger projektiver Analogie zur h. Geometrie die elliptische aufbauen. Als Grenzfall zwischen beiden ergibt sich die Euklidische Geometrie, von Klein in diesem Zusammenhange „parabolische Geometrie" genannt.

F. Schur hat in [8] einen Aufbau der absoluten Geometrie durchgeführt, bei dem sich nach der Einführung idealer

*) Dessen Gleichung in rechtwinkligen Koordinaten lauter reelle Konstante als Koeffizienten enthält.

Elemente zwangsläufig als eine der ersten Erkenntnisse die Gültigkeit der projektiven Geometrie in der absoluten ergibt; ein solches Vorgehen führt notwendig zur projektiven Auffassung aller Maßbeziehungen auf der Grundlage einer „absoluten Polarität" und läßt sie als die natürliche erscheinen.

Man zählt vielfach die elliptische Geometrie neben der h. zu den Nichteuklidischen Geometrien, und zwar deshalb, weil auch in ihr das Euklidische Parallelenaxiom nicht erfüllt ist. Sie unterscheidet sich aber von der h. dadurch, daß sie nicht alle übrigen Axiome der e. Geometrie erfüllt, was aus unserer Nr. 57 folgt. Daß schon ein Widerspruch der elliptischen Geometrie zu mindestens einem der Axiome A—C vorliegen muß, zeigt Satz 24c. Hier wird daher die Bezeichnung „Nichteuklidische Geometrie" in erweitertem Sinne gebraucht, in einem Sinne, der axiomatisch sogar noch andere Nichteuklidische Geometrien zuläßt als die h. und die elliptische.

Worauf aber schon Klein den größten Wert legte, ist Folgendes: Die projektive Geometrie läßt sich, wie v. Staudt 1847 gezeigt hatte, ohne Voraussetzung eines e. oder Nichteuklidischen Parallelenaxioms aufbauen; insbesondere konnte er das Doppelverhältnis, das er als „Wurf" bezeichnete, ganz ohne Heranziehung von Maßbegriffen erklären. Die e. und die Nichteuklidische Geometrie werden daher durch die Gründung auf die projektive Geometrie unabhängig voneinander als mathematische Disziplinen entwickelt, die in demselben Grade in sich widerspruchsfrei sind, wie es die projektive Geometrie ist.

Das Verfahren, die Strecken- und Winkelmessung — kurz die „Metrik" — auf projektive Beziehungen zu einem sog. „absoluten Gebilde" (wie dem Kegelschnitt ($K$) oder ($I$)) oder auf eine „absolute Polarität" zurückzuführen, bezeichnet man als „projektive Maßbestimmung".

### Geometrie und Wirklichkeit.

**119.** Die Frage, welche der beiden Geometrien die „wirkliche" ist, die Euklidische oder die hyperbolische, ist so alt wie die Nichteuklidische Geometrie. Gauß, Lobatschefskij, J. Bolyai stellten fest, daß weder Beobachtungen an terrestrischen noch solche an astronomischen Dreiecken eine meßbare Abweichung der Winkelsumme von $\pi$ ergeben hätten.

Man kann auch ein „geometrisches Experiment" anstellen, indem man etwa drei Punkte $P$, $Q$, $R$ einer Geraden mit einem Punkt $S$ außerhalb der Geraden verbindet und dann die Strecken $SP$, $SQ$, $SR$ über die von $S$ verschiedenen Endpunkte hinaus mit dem Zirkel um sich selbst verlängert. Dann erhält man drei Punkte $A$, $B$, $C$, und je nachdem diese in einer Geraden liegen oder nicht, ist die e. oder nach Satz 77b die h. Geometrie die „wirkliche". Bisher wurden diese drei Punkte immer in einer Geraden liegend gefunden.

**120.** Was kann man auf diesen Wegen entscheiden? Daß man noch keine meßbare Abweichung von der e. Geometrie gefunden hat, kann zunächst daran liegen, daß sich die Messungen in einem zu kleinen Bereich abspielten, da in einem gegen einen Punkt hin konvergierenden Bereich, wie man auch an der Deutung $\{\mathfrak{D}\}$ erkennt (indem man diesen Punkt auf $M$ legt), die h. Geometrie gegen die e. konvergiert.

Angenommen aber, man fände im Beispiel des geometrischen Experiments drei Punkte, die nicht auf einer Geraden liegen. Dann könnte man nur schließen, daß die beiden gleichzeitigen Annahmen der Geradlinigkeit des benützten Lineals und der Konstanz der Zirkelöffnung bei der Verdoppelung der Strecken sich mit den Axiomen der e. Geometrie nicht vertragen, daß man mit anderen Worten die e. Geometrie nicht in dieser Weise physisch deuten kann. Ebenso würde man im zuerst genannten Beispiel der Winkelsumme im Dreieck aus einer meßbaren Abweichung von $\pi$ nur schließen können, daß von den dabei gemachten Annahmen mindestens eine für die physische Deutung der e. Axiome unbrauchbar ist, z. B. die Annahme, daß sich die Lichtstrahlen geradlinig fortpflanzen.

Man kann so grundsätzlich nicht darüber entscheiden, ob eine Geometrie oder die andere „wirklich" ist, nur darüber, ob sie sich mit gewissen physikalischen Annahmen über die Deutung der geometrischen Begriffe verträgt. Sind diese Annahmen besonders einfach und naheliegend, dann folgt aus der Zulässigkeit dieser Annahmen für die physische Deutung der Geometrie nur, daß diese Geometrie gut anwendbar, daß sie bequem ist.

**121.** Beide Geometrien, die e. und die h., sind nach Nr. 54 gleich wahr im Sinne von gleich widerspruchslos. Ob man darüber hinaus der Frage nach Wahrheit einer Geometrie überhaupt einen Sinn zuerkennt und wie man sie, wenn das der Fall sein sollte, beantwortet, das ist keine mathematische Angelegenheit mehr, sondern eine erkenntnistheoretische, deren Erledigung wesentlich von dem philosophischen System abhängt, von dem man dabei ausgeht. Daher führt die Frage nach der über die Widerspruchslosigkeit hinaus wahren Geometrie zu der Frage, welches philosophische System das wahre ist. Die Philosophie hat diese letzte Frage noch nicht in objektiv zwingendem Sinne beantwortet.

### Ausblick auf die Clifford-Kleinschen Flächen.

**122.** So nahe der Gedanke zu liegen scheint, daß nach der Beschäftigung mit der Nichteuklidischen Geometrie der Ebene, die freilich noch vieles hier nicht Behandelte einbeziehen müßte, das weitere Studium sich natürlicherweise dem Raum zuzuwenden hätte, so unzutreffend wäre diese Meinung. Sie würde nämlich nicht der Erkenntnis gerecht, daß es noch unendlich viele zweidimensionale metrische Mannigfaltigkeiten gibt, deren innere Geometrie im kleinen sich mit der einer Euklidischen oder einer Nichteuklidischen Ebene deckt, die aber im großen anderen Zusammenhang haben als die Ebene: das sind die „Clifford-Kleinschen Flächen". Ihre Theorie samt ihren historischen Ursprüngen*) und ihre Beziehungen zu

*) Die Entdeckung einer geschlossenen Fläche mit e. Metrik im elliptischen Raum durch Clifford regte Klein zu der Frage nach allen möglichen Flächen dieser Art an; siehe W. K. Clifford, Preliminary sketch of biquaternions, Proceed. L. Math. Soc. IV (1873), p. 387 (Math. Papers, London 1883, p. 193). F. Klein, Zur Nicht-Euklidischen Geometrie, Math. Ann. 37 (1890), S. 544ff. (Ges. Math. Abhandl. I, Berlin 1921, S. 353ff.).

Weiter beschäftigten sich mit dem Problem der „Clifford-Kleinschen Raumformen" zunächst hauptsächlich W. Killing (1891), R. Fricke (1897), H. Gieseking (1912), H. Hopf (1925), J. Nielsen (1925), P. Koebe (1927).

anderen Bereichen der Mathematik, z. B. zu den Riemannschen Flächen der Funktionentheorie, darzulegen, wäre ein reizvolles Unternehmen, aber es würde den Rahmen dieses Buches sprengen. Nur so viel möge hier mitgeteilt werden, als nötig ist, um eine anschauliche Vorstellung von diesen Gebilden zu vermitteln, deren Kennzeichen, außer den oben schon genannten, ihre Unbegrenztheit und ihr Freisein von Singularitäten sind. Dabei ist der Begriff der Fläche im abstrakten Sinn zu verstehen.

**123.** Das einfachste Beispiel einer derartigen Fläche mit e. Metrik im kleinen ist eine Kreiszylinderfläche, auf der als „Gerade" die kürzesten Linien, die räumlich gesehen Schraubenlinien sind, zu gelten haben; im großen gilt in der Fläche die Geometrie der e. Ebene nicht, denn durch je zwei ihrer Punkte gehen in ihr im allgemeinen unendlich viele „Gerade". Bei der einzigen außerdem noch existierenden Art von Clifford-Kleinschen Flächen mit e. Metrik, den „ringförmigen", wollen wir uns nicht aufhalten, sondern nur bemerken, daß es von jeder Form auch nichtorientierbare gibt. Zu bedenken ist dabei, daß die in der Fläche vorgegeben zu denkende Maßbestimmung durchaus nicht mit derjenigen übereinstimmen muß, die ihr durch den Raum, in dem sie liegt, aufgeprägt wird, wie das beim Zylinder der Fall war.

**124.** Die Mannigfaltigkeit der Clifford-Kleinschen Flächen mit h. Metrik ist viel umfangreicher; trotzdem können wir uns leicht einen Überblick über sie verschaffen, weil sie aus zwei Arten einfacher Bauelemente zusammensetzbar sind, die zunächst beschrieben seien*):

a) Errichten wir in der h. Ebene auf einer Strecke in deren Endpunkten nach einer Seite die Lote (Fig. 73a), denken uns den umschlossenen Teil der Ebene ausgeschnitten und identifizieren dann je zwei solche Punkte der Lote miteinander, die durch eine Verschiebung längs der Ausgangs-

*) Die einzige Clifford-Kleinsche Fläche mit sphärischer Metrik ist die elliptische Ebene neben der einfachzusammenhängenden Kugelfläche.

strecke zur Deckung gebracht werden können, so haben wir ein Flächenstück h. Metrik im kleinen mit einer Randlinie, die eine in sich zurücklaufende „Gerade“ ist, hergestellt (Fig. 73b): ein „Außenelement“. Die Länge

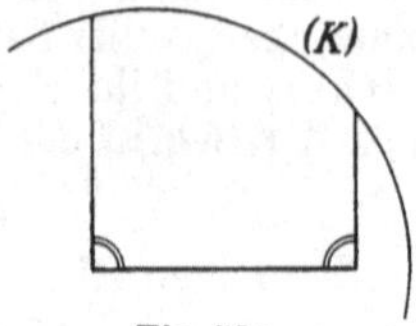


Fig. 73a.

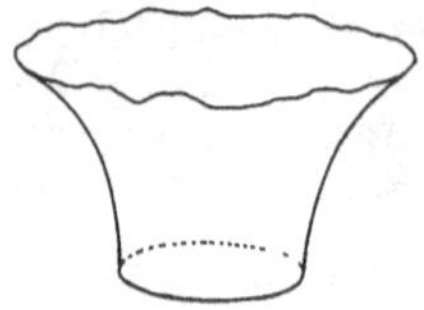

Fig. 73b.

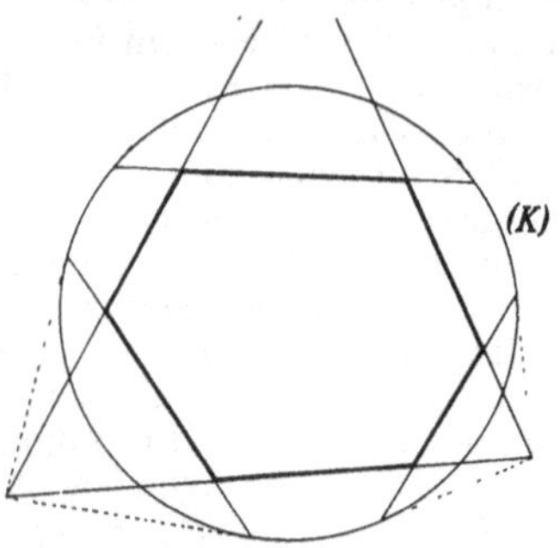


Fig. 74a.

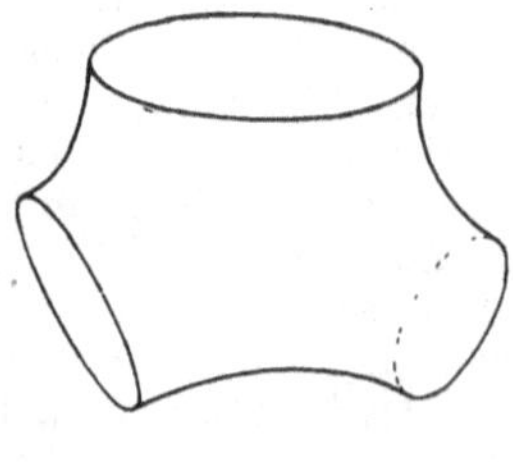

Fig. 74b.

des Randes ist beliebig vorschreibbar; sie kann, worauf jedoch nicht näher eingegangen sei, auch als verschwindend angesetzt werden, was bedeutet, daß die Randlinie ins Unendliche gerückt und ein „Randende“ geworden ist.

b) Nehmen wir drei Gerade in der h. Ebene an, von denen keine Punkte der anderen voneinander trennt, und konstruieren wir ihre drei paarweise gemeinsamen Lote, so bekommen wir ein konvexes rechtwinkliges Sechseck (Fig. 74a). Denken wir uns dieses wiederum ausgeschnitten, mit einem ihm kongruenten zur Deckung gebracht und beide längs dreier nicht benachbarter Seiten, in dem oben beschriebenen Sinn einer Identifikation gewisser Punktepaare, zusammengeheftet, so haben wir ein Flächenstück h. Metrik im kleinen mit drei geradlinigen Rändern vor uns (Fig. 74b): ein „Binnenelement". Die Längen der drei Ränder sind unabhängig voneinander beliebig vorgebbar, wovon wir uns auf Grund der Lehre von den uneigentlichen Dreiecken überzeugen können; auch hier ist das Verschwinden der Länge einer oder mehrerer Randlinien sinnvoll.

Die Binnenelemente werden auch als Doppelsechsecke bezeichnet.

Jedes Binnenelement besitzt, im Gegensatz zu den Außenelementen, einen endlichen Flächeninhalt von der Größe $2\pi$.

c) Setzen wir derartige Elemente längs je zweier gleichlanger Ränder, immer in der oben beschriebenen Weise, zusammen, so kann dadurch wegen ihrer Geradlinigkeit keinerlei Singularität entstehen; wir können auch Ränder eines und desselben Binnenelementes zusammenheften oder sogar je zwei diametral gelegene Punkte einer Randlinie miteinander identifizieren, wodurch die Orientierbarkeit der Fläche verlorengeht. Fahren wir damit so lange fort, bis kein Rand mehr vorhanden ist, so haben wir eine Clifford-Kleinsche Fläche mit Nichteuklidischer Metrik aufgebaut; in der Tat besitzt jeder Punkt der Fläche Umgebungen, die Gebieten der h. Ebene kongruent sind, und die Fläche besitzt, wie die h. Ebene selbst, keinen im Endlichen erreichbaren Randpunkt. (Fig. 75 zeigt ein Beispiel einer Clifford-Kleinschen Fläche mit h. Metrik von unendlich hohem topologischem Zusammenhang.)

Die zusammengesetzten Binnenelemente bilden in ihrer Gesamtheit den „Binnenteil".

Soll eine Fläche konstruiert werden, die aus einem aus einer endlichen Anzahl $c$ von Binnenelementen aufgebauten Binnenteil und aus $n$ Außenelementen oder „Außenteilen" besteht, so können wir zwar nicht alle $3c$ Randlängen der Binnenelemente beliebig vorschreiben, weil je zwei der aneinanderzuheftenden Ränder gleiche Längen haben müssen;

da wir aber diese vor dem Verheften noch um ein beliebiges Stück in sich gegeneinander verschieben dürfen, stehen uns doch $3c$ Größen, die für die Maßverhältnisse der Fläche kennzeichnend sind, ihre „Moduln“, zur Verfügung.

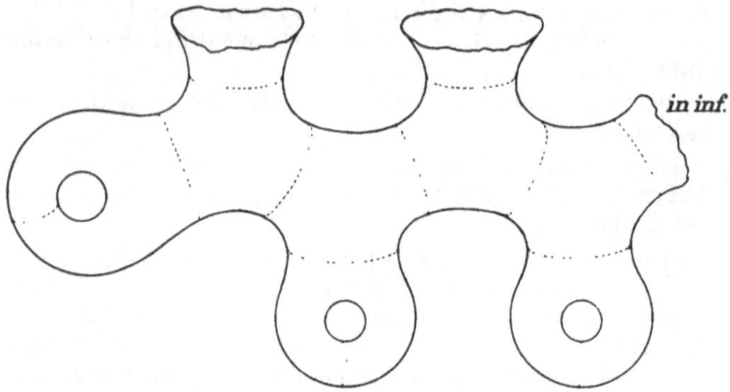


Fig. 75.

So leicht nun aber dies alles einzusehen ist, der Beweis dafür, daß auf die beschriebene Art sämtliche Clifford-Kleinschen Flächen h. Metrik zustande kommen, wäre viel zu umfangreich, um hier Platz zu finden; es sei nur angedeutet, daß dabei die Begriffe der universellen Überlagerungsfläche und der Gruppe ihrer Decktransformationen neben topologischen Überlegungen maßgebend sind*).

**125.** Die Geometrie in den Clifford-Kleinschen Flächen wird beherrscht durch die Eigenschaften der nach ihrem globalen Verhalten zu unterscheidenden Arten von

*) Diese Aufbaumöglichkeit wurde für Flächen ohne „Randenden“ (s. oben a) u. b)) entwickelt in der Dissertation (1926) von F. Löbell, Die überall regulären unbegrenzten Flächen fester Krümmung, Tübingen 1927.

Auch die Flächen mit Enden als Randelementen und diejenigen unendlich hohen Zusammenhangs — bei denen auch „Grenzhalbebenen“ als Außenteile vorkommen können — wurden systematisch untersucht von P. Koebe, Riemannsche Mannigfaltigkeiten und nichteuklidische Raumformen, 2. u. 3. Mitteilung, Sitzungsber. Preuß. Akad. d. Wiss., Phys.-math. Kl., 1928, S. 345ff. u. S. 385ff.

„Geraden", unter denen die geschlossenen eine ordnende Rolle spielen; zu diesen gehören im besonderen die aus den Randlinien der Aufbauelemente hervorgegangenen Geraden (in Fig. 75 gestrichelt eingezeichnet). Hierüber ist manches Interessante bekannt, vieles aber ist noch ungeklärt*).

Eine Bewegung oder Umlegung ist für eine Clifford-Kleinsche Fläche als Ganzes im allgemeinen eine unendlich vieldeutige Transformation; die Ausnahmefälle kennzeichnen bestimmte Symmetrieeigenschaften der Fläche.

Was jedoch die Moduln anbelangt, so stehen wir vor einem allgemein noch nicht gelösten Problem: Zunächst fragt es sich, inwieweit eine Fläche durch die Angabe ihrer Moduln überhaupt bestimmt ist. Eine weitere Frage entspringt aus der folgenden Überlegung: Eine aus $c + n$ Elementen aufgebaute Fläche kann wieder in solche, und zwar in eben soviele, zerlegt werden; bei ihrem Binnenteil ist das im allgemeinen auf unendlich viele Weisen möglich, wobei ganz andere als die ursprünglichen Ausgangselemente entstehen können. Dabei tritt jedesmal ein neues System von $3c$ Moduln auf. Wie hängen diese verschiedenen, zu einer und derselben Clifford-Kleinschen Fläche gehörenden Größensysteme untereinander zusammen? Die Antwort müßte sich aus einer Theorie der Gruppen allgemeiner Modultransformationen ergeben, wobei zu bedenken ist, daß sowohl $c$ als auch $n$ unendlich groß sein dürfen.

---

*) Hier ist vor allem hinzuweisen auf eine Arbeit von J. Nielsen in Mat. Tidsskrift B 1925 (Juel-Festschrift, Kopenhagen), S. 37—44.

Weiterführende Literaturangaben enthalten die Arbeiten von F. Löbell, Über die geodätischen Linien der Clifford-Kleinschen Flächen, Math. Zeitschr. 30 (1929), S. 572—607, und Ein Beispiel zur Frage des Verlaufs der geschlossenen Geodätischen in einer Clifford-Kleinschen Fläche, Jahresber. d. Deutschen Mathematikervereinigung 40 (1931), S. 69—74.

Zu nennen sind, z. T. in einem weiteren Zusammenhang, hauptsächlich noch die Namen Artin, Birkhoff, Busemann, Hadamard, Hedlund, Koebe, Morse, Myrberg, Poincaré, Weyl.

# Register.

Die Zahlen geben nicht die Seiten, sondern die Nummern des Buches an; e. bedeutet Euklidisch, h. hyperbolisch.

GERHARD ENGEL

## Analytische Geometrie

Mit 125 Textabbildungen.

Oktav. VII, 239 Seiten. 1950. Ganzleinen DM 18,–

„Das Werk gibt eine Darstellung der analytischen Geometrie der Ebene und des Raumes, die aufbaut auf dem mathematischen Können der Mittelstufe einer höheren Schule, dann aber über das Pensum der höheren Schule stofflich und der Methode nach hinausführt. Es wird den Studenten der Anfangssemester gute Dienste leisten, sich aber auch als Nachschlagewerk für Lehrer, zum Selbststudium für mathematisch interessierte Schüler der Oberstufe höherer Schulen und für Studierende von Fachschulen eignen.“ *Deutsche Lehrer-Zeitung*

WILHELM BLASCHKE

## Kreis und Kugel

2., durchgesehene und verbesserte Auflage.

Mit 27 Figuren.

Groß-Oktav. VIII, 167 Seiten. 1956. Ganzleinen DM 18,60

„Wilhelm Blaschke hatte es verstanden, eine elementare und überaus anregende Darstellung der Extremumseigenschaften von Kreis und Kugel und damit verwandter Fragen zu geben. In der Folgezeit haben viele Geometer in neuen Untersuchungen dieses alten, auf Archimedes zurückgehenden Fragenkreises daran angeknüpft. Es ist daher sehr zu begrüßen, daß der Verlag nunmehr eine neue Auflage unverändert herausgebracht hat.“

*Mathematische Mitteilungen*

---

WALTER DE GRUYTER & CO · BERLIN 30

vormals G. J. Göschen'sche Verlagshandlung · J. Guttentag, Verlagsbuchhandlung · Georg Reimer · Karl J. Trübner · Veit & Comp.

H. SCHUBERT – J. ERLEBACH

**Mathematische Mußestunden**

Eine Sammlung von Geduldspielen, Kunststücken und Unterhaltungsaufgaben mathematischer Natur

Neubearbeitet von J. Erlebach

12. Auflage. Oktav. 263 Seiten. 1964.
Ganzleinen DM 16,–

Dieses Buch behandelt eine große Anzahl verschiedenartiger Zahl- und Anordnungsprobleme, mathematischer Spiele, Kunststücke, Rätsel und Unterhaltungsaufgaben von den klassischen Problemen bis zu Fragen aus neuester Zeit.
Der an der mathematischen Seite der Aufgaben interessierte Leser findet ebenso wie der mehr den Anwendungen zur Unterhaltung zuneigende eine Fülle von Anregungen und Hinweisen sowohl auf Lösungsmethoden als auch auf die Wege zum Selbstherstellen weiterer Aufgaben und Kunststücke.
Das Buch ist übersichtlich in 31 Abschnitte unterteilt und mit vielen Tabellen und Mustern zur Veranschaulichung ausgestattet.

---

WALTER DE GRUYTER & CO · BERLIN 30
vormals G. J. Göschen'sche Verlagshandlung · J. Guttentag, Verlagsbuchhandlung · Georg Reimer · Karl J. Trübner · Veit & Comp.

FSC
www.fsc.org
MIX
Papier | Fördert
gute Waldnutzung
FSC® C083411

Zeitfracht Medien GmbH
Ferdinand-Jühlke-Straße 7
99095 Erfurt, Deutschland
produktsicherheit@kolibri360.de